すごいぞ！　身のまわりの表面科学

ツルツル、ピカピカ、ザラザラの不思議

日本表面科学会　編

ブルーバックス

装幀／芦澤泰偉・児崎雅淑
カバー写真／矢ヶ部太郎（物質・材料研究機構）
（備長炭の電子顕微鏡写真）
カバー裏イラスト／伊勢川和久
本文デザイン／長谷川義行（ツクリモ・デザイン）
図版／朝日メディアインターナショナル

まえがき

「表面科学」という言葉を聞いたことがあるでしょうか？　私たちは身のまわりにある日用品から最先端のナノテクノロジーに至るまで、物質の表面における現象をうまく活用していますが、それを科学の目で解明し、さらに便利なものを作り出しているのが表面科学なのです。

ところが、表面で起こる現象を調べるのは非常に難しいことでした。一九四五年にノーベル物理学賞を受賞したパウリは、「固体は神が創りたもうたが、表面は悪魔が創った」と言い放っているほどです。たとえばX線で結晶を調べようとすると、1 cm^3（cc）に原子は10^{22}個（一兆の一〇〇億倍）以上あるので、簡単に構造を調べる（見る）ことができますが、表面1 cm^2には10^{15}個（一〇〇〇兆）の原子しかありません。つまり、結晶の中には表面にある原子の数より一〇〇〇万倍も多くの原子があるので、表面の原子からの信号が埋もれてしまって表面の原子だけを見ることができませんでした。まして表面を作ってもすぐにゴミや汚れが付いてしまい、本当の表面の姿を調べることができないまま、表面科学の研究者は長い間悪魔と格闘してきたのです。「表面・界面を制御するものは半導体デバイスを制す」とまで言われてきたように、ＬＳＩなどの半導体デバイスの性能向上には表面や界面を調べて、それを制御する技術を開発することが必須でした。

しかし、先人の努力によって電子顕微鏡、走査型トンネル顕微鏡、放射光という超強力X線、など次々に新しい観察手段が開発され、表面で起きている現象をまさに「手に取るように」見ることができるようになったのです。「見えれば制御できる」と言いますが、表面や界面を制御して新しいサイエンスの花が咲き、その果実を商品化してスマートフォンや健康センサーなど、より便利で快適な暮らしが実現しています。その様子を本書では分かりやすく解説しています。

第1章では日常生活の表面科学として、冷蔵庫の消臭剤の働きや接着剤の役割を表面という観点から分かりやすく説明しています。第2章では動物・植物の例として、ルリアゲハやハスの葉っぱなどに関する興味深い話題から、動物・植物がいかにうまく表面科学を活用しているかを説明しています。第3章では人間・健康の例として、髪の毛の手触りや人工関節にさまざまな工夫を重ねてより美しく、より健康な生活に表面科学がどう貢献しているかを説明しています。

さらに第4章では摩擦を取り上げ、スキーがよく滑る原理や自動車のタイヤが滑らないでよく止まる秘密を科学の目で解き明かします。宇宙ステーションで摩擦が意外なところで活躍しているのには驚かされます。第5章では環境・エネルギー問題として、環境をきれいにする触媒や身近な燃料電池・リチウムイオン電池・太陽電池などの性能向上に表面科学が大きく貢献していることを説明しています。最後に第6章では最先端ナノテクノロジーについて紹介し、原子一個を動かすトランジスタやバイオセンサーなど最先端のデバイスがまさに表面科学の知恵を集めたものであり、夢を実現するために不可欠な技術であることをあらためて認識することになるはずです。

このように、表面科学は難しいけれどもそこにはたくさんの宝の山がまだまだ眠っています。それらの課題に果敢にチャレンジした研究者がノーベル賞受賞の栄誉に浴しています。多くのノーベル賞受賞者の中から特に関係のある15組を選んで、コラムで紹介しています。これを読むと、表面科学が決して「表面的な（?）科学」ではないことを理解していただけると思います。また、これらのノーベル賞は主に硬いもの（金属や半導体）の表面を扱っていましたが、第2章、第3章で紹介するように、表面や界面の研究最前線は柔らかいもの（ソフトマター）に移りつつあります。この本を読んで表面科学を身近なものに感じてもらえたら幸いです。さらに詳しく知りたい方は、巻末の参考図書を是非読んでみて下さい。実は表面科学会は表面科学の面白さを伝えるビデオ教材を数年前に作って科学技術振興機構（JST）のホームページにアップしています。本書を一冊読み通せば、あなたもりっぱな表面科学マニアです。一緒に表面科学を楽しみましょう。

二〇一五年五月

日本表面科学会会長　　尾嶋正治

表面の科学●目次

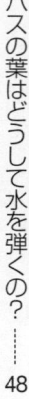

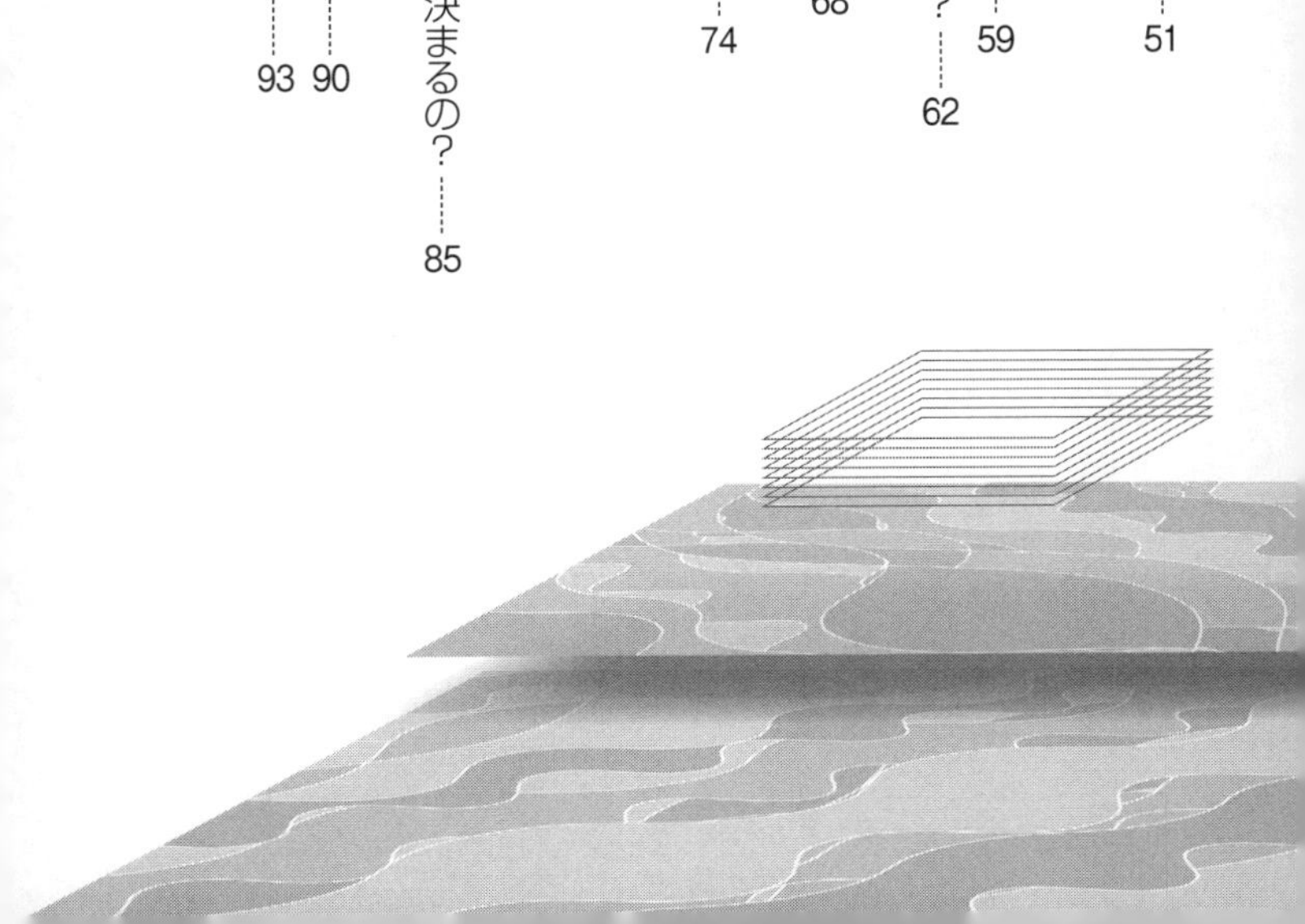

第4章 摩擦の表面科学 117

第1章 日常生活の表面科学

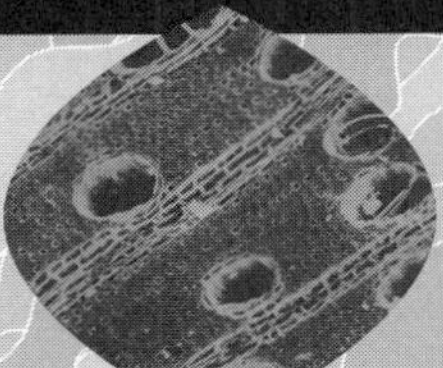

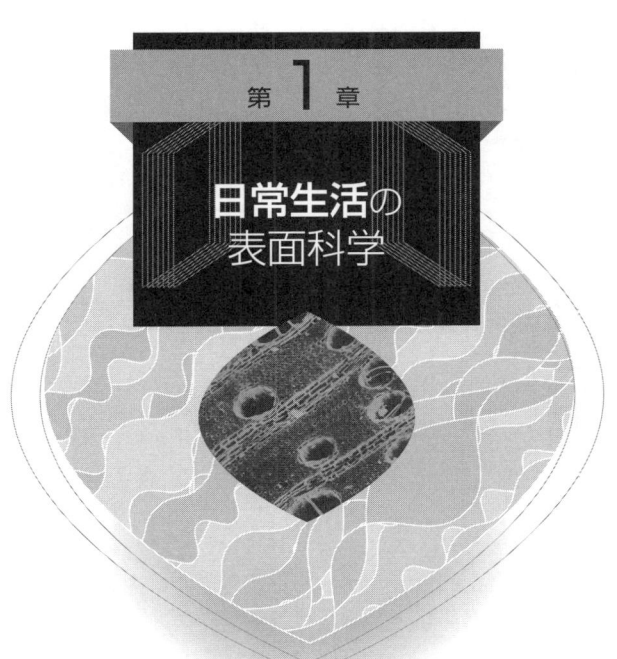

Q1 曇らない鏡の秘密

家のお風呂でシャワーを使うと、すぐに鏡が曇ってしまいます。でも、ホテルの大浴場の鏡は、いつ入っても曇っていません。不思議ですね。ホテルの鏡は、いったいどうなっているのでしょう。

鏡の表面は、ツルツルですべすべ、つまり、凹凸《でこぼこ》がなく、光を反射する（曇りガラスのように散乱させない）状態をイメージする人が多いと思います。その通りで、凹凸がなくそこに当たった光はすべて同じ方向に反射され、その結果、元の形がゆがみのない形で左右反対になって映し出されます（図1―1(a)）。表面を磨いた金属も鏡になりますし、波のない湖の水面が、月や雲を綺麗に映し出すのはこのためです。

それに対して、表面に凹凸があると光が散乱（あちらこちらに乱反射）されるため、元の形がわからなくなります（図1―1(b)）。静かで平らだった水面に映っていた月が、波という凹凸ができたせいで、ゆがんだり、映らなくなったりするのと同じ状況です。つまり鏡とは、ものの形をきれいに映し出すために表面の凹凸をなくし、(a)のようにツルツルですべすべに磨いたものなのです。

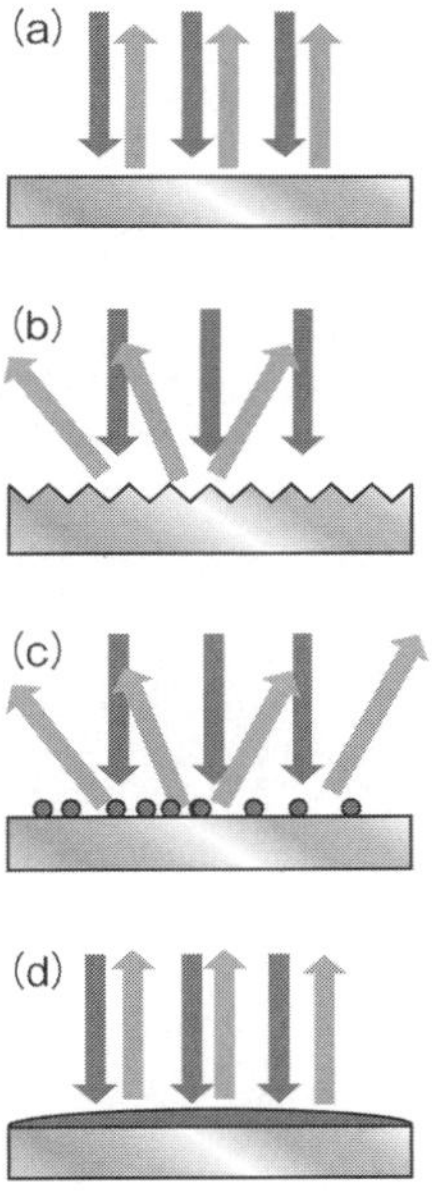

図1－1鏡の表面の状態

では、鏡が曇るというのはどんな状況でしょうか？　鏡の表面に小さな水滴や油滴、埃《ほこり》などの汚れが付き、その汚れのせいで凹凸ができ、図1－1(c)のように光を散乱してしまう状況です。お風呂の鏡の表面には、水滴がたくさん付きます。鏡の表面が平坦でも、光は鏡の上に付いた水滴で反射してしまうため、人の姿がゆがんだり、映らなくなったりしてしまうのです。ですから、鏡やメガネを曇らせない方法の一つとして、水滴を付けないような、撥水《はっすい》（水を弾《はじ》く）処理をする方法があるのです。この処理を施した表面を、撥水表面と言います。

さて、鏡を曇らせない方法が、もう一つあります。図1－1(d)に描いたように、水が付いたとしても、その表面が綺麗に平らな膜になって散乱をさせない方法です。(d)では、鏡の上にたくさん付いた水の表面が、結果的に鏡と同じように平らになり、光を反射させるのです。このように、水を平らにするような表面を、親水表面と言います。

親水表面や、撥水表面の模

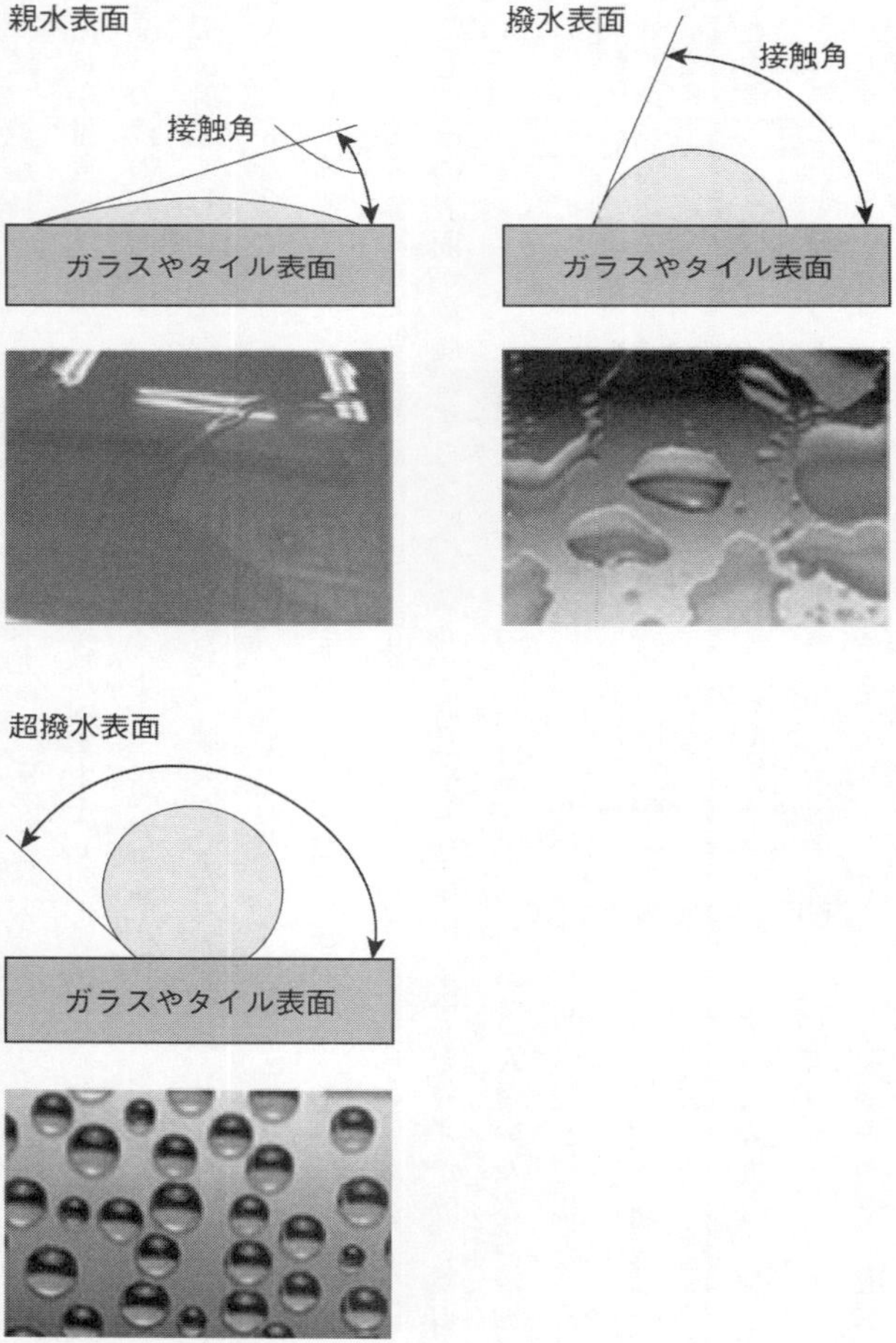

図1－2　親水表面と撥水表面の模式図

式図を描いてみます（図1―2）。親水性、撥水性の度合いについては、真横から見た時の接触角（水滴が表面に接した時の角度）で議論されます。接触角が小さければ小さいほど親水性が高く、角度が大きいほど撥水性が高くなり、接触角が一五〇度を超えるものは、超撥水となります。じつは、ハスの葉の上で水が玉になって転がるのは、ハスの葉の表面が超撥水の構造をしているからです。接触角の様子の図の下に、写真を付けましたが、この中の左上がホテルのお風呂の鏡の表面です。つまり、水が平らに鏡を覆《おお》って親水表面となって、表面で散乱が起こらず、曇りしらずの鏡となるのです。この状態を、表面が濡れる（wetting）と言います。

ガラスの表面が親水表面になるか、撥水表面になるかは、その表面にどのような被膜（コーティング膜）を塗布するかによります。コーティングの効果を考えるために、表面（界面）自由エネルギーの話をしましょう。

物質表面や界面の分子は、周りを同種類の分子でぎっしりと囲まれている物質内部と異なり、同種類の分子が少ないため、自由に動きやすく不安定な状態になっています。つまり固体内部より自由エネルギーが大きくなっています。一般に自由エネルギーが大きな表面には水などの分子がくっつきやすく（親水性）、自由エネルギーが小さな表面は弾きやすく（撥水性）なります。この自由エネルギーを小さくして、安定させようとする力が、表面（界面）張力です。

界面張力（γ_{sg}、γ_{ls}、γ_{lg}）は表面と表面に接する物質（ここではガラスと空気、ガラスと水、水と空気）で決まり、図1―3のような方向に働きます。この力が水滴の端で釣り合うように、水滴の接触角θが決まるのです（関連説明が第1章Q2、第2章Q10にも出てきます）。接触角θがなるべく小さい親水性の表面を作るためには、気体（空気）と固体との界面の自由エネルギーがなるべく大きくなるような物質をコーティングすればよいことになります。

酸化チタン（水酸基が配位した状態）は普段は安定していて、表面自由エネルギーは比較的小さいのですが、紫外線を照射すると表面に水酸基が形成されて、不安定になります。その結果、表面自由エネルギーが増大し、親水状態になるのです。このため、水が付きやすく、付いた水はすぐに広がります。そこで鏡の表面に薄く酸化チタンをコーティングして光処理をすると、水の接触角が非常に小さくなって水膜となる表面が作られるため、鏡は曇らなくなるのです。

これを応用した透明フィルムも市販されており、自動車のバックミラーに貼り付け曇らなくするなど、利用されています。（板倉明子）

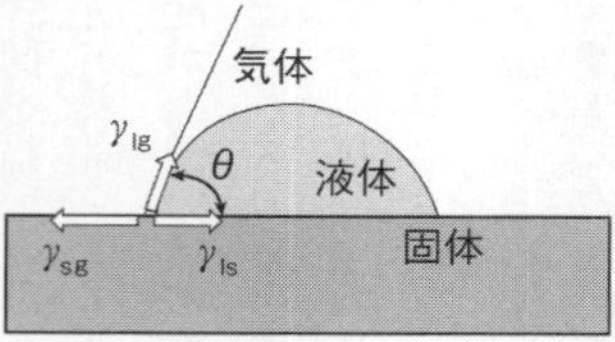

図１－３　液滴の張力の釣り合い。γ_{ls}（液体と固体の界面張力で右向き）、$\gamma_{lg}\cos\theta$（液体と気体の界面張力の右向き成分）の合計と、γ_{sg}（気体と個体の界面張力で左向き）が釣り合っている

Q2 撥水スプレーはどんな働きをしているの?

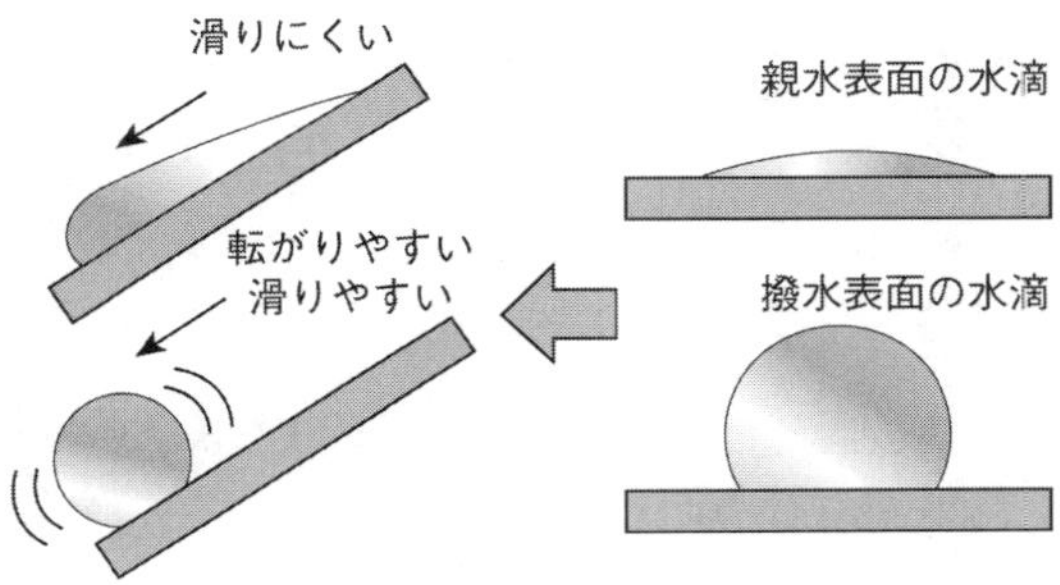

図2－1　傾斜面での水滴の動きやすさ

スキーのゴーグルに雪や水が付着し、前が見えなくなって困ったことがありませんか。滑走中にゴーグル表面に付着した水が自然に取り除かれれば、視界の悪化を防ぐだけでなく、拭《ふ》く必要もなくなり一石二鳥です。そこで開発されたのが、撥水スプレーです。

撥水スプレーをゴーグルに吹き付けると、ゴーグル表面が水を弾《はじ》く物質（フッ素樹脂等）で覆《おお》われます。「水を弾く」というのは、Q1の図1－3で示した接触角θを大きくするという働きを利用するものです。接触角が大きくなると、水滴がゴーグルから滑り落ちやすくなります（図2－1参照）。滑走中のスピードを利用し、ゴーグルに付着した水滴を左右に飛ばすことで、視界の悪化を防ぐのです。

スキーウェアなどの衣類の撥水もあります。こちらは防水スプレーと呼ばれることもありますが、実際には、撥水加工を利用して表面に水がとどまらないようにし、繊維の中に水がしみこむのを防ぎます。スプレーの成分としては、フッ素樹脂、シリコーン（ケイ素を構造に含む、人工の高分子化合物）樹脂、シリコンオイルなどがあります。いずれも表面自由エネルギーの小さい官能基であるパーフルオロ基（CF_3等）、アルキル基（CH_3等）を持った物質です。

また、衣類の表面を毛羽立たせて水との接触面積を減らすことにより、撥水効果を高めているものもあります。

水が付着してほしくないものは他にもあります。携帯電話やスマートフォンなどの画面は、水や人間の肌の脂や化粧品なども付いてほしくありません。ここで求められる効果は、撥水と似ていますが、対象が水だけではなく皮脂等も含まれるので、やや異なったアプローチが必要です。皮脂は水と比べ、もともとの表面自由エネルギーが小さいため、物質の表面に付いてしまった時に表面全体に広がっていきやすいのです。このような、表面エネルギーの小さい物質を弾くことは、撥水スプレーでは十分にできません。

携帯電話の表示画面は、撥水スプレーで用いられているフッ素樹脂等がコーティングされています。表面に膜状にコーティングされた樹脂は持続性があり、スプレーとは異なり、拭いただけでは剝《は》がれません。そのため、水だけでなく皮脂やファンデーション等の化粧品が付きにくく、また、（拭くことによって汚れだけが）落としやすくなっています。スマートフォンも同様ですが、指での操作を行うため表面がこすられるほか、指紋が残らないようにしなければならないため、より強固なコーティングが必要です。携帯電話と比較して、コーティングしなければならない面積が大きいことも課題です。

現在はフッ素樹脂ではなく、シリコン樹脂をコーティングしたり、表面に微細な凹凸を付けたりすることで、撥水、撥油を同時に満たすようにしています。微細な凹凸による撥水の効果は、第2章Q10のハスの葉で紹介します。（三宅晃司）

（注）この本の中には表面、界面という言葉がたくさん出てきます。Aという物質とBという物質が接している時に、その接している面が界面です。その中で、Aが空気や真空の場合に、それをBの表面と呼んでいます。つまり表面とは、空気や真空との界面ともいえます。

Q3 よく落ちる洗剤は何が違うの？

衣服に付く汚れには汗の塩分のように水に溶ける（親水性）ものと、皮脂や食用油などのように水に溶けない（疎水性）ものがあります。洗濯の時、家庭では洗濯物を水で洗いますが、疎水性の油汚れをどうやって水に溶かすかが問題です。そのためにはまず、水の特性を知る必要があります。水は水分子同士で水素結合という相互作用をして安定化しています。水と油の境目（界面）に存在する水分子は油とは水素結合できないので不安定になります。その結果、水と油の接触面積をなるべく小さくしようとする力、つまり接触角θを大きくする力が働きます（Q1図1―3参照）。これを表面（界面）張力と呼びます。水滴が丸くなるのも、水と空気（疎水性）の接触面積を小さくしようと表面張力が働くためです。その結果、水と油を無理にかき混ぜても油は小さくなって水中に散らばることはなく、大きな塊となって分離してしまうのです。

さて、洗剤の主な成分は界面活性剤です。界面活性剤は分子内に親水性の部分と疎水性の部分を両方持っているため、両親媒性物質とも呼ばれます。油が存在する水中に界面活性剤を混ぜると、界面活性剤の疎水部が油に突き刺さって親水部だけが水中に突き出した状態になり、水と油

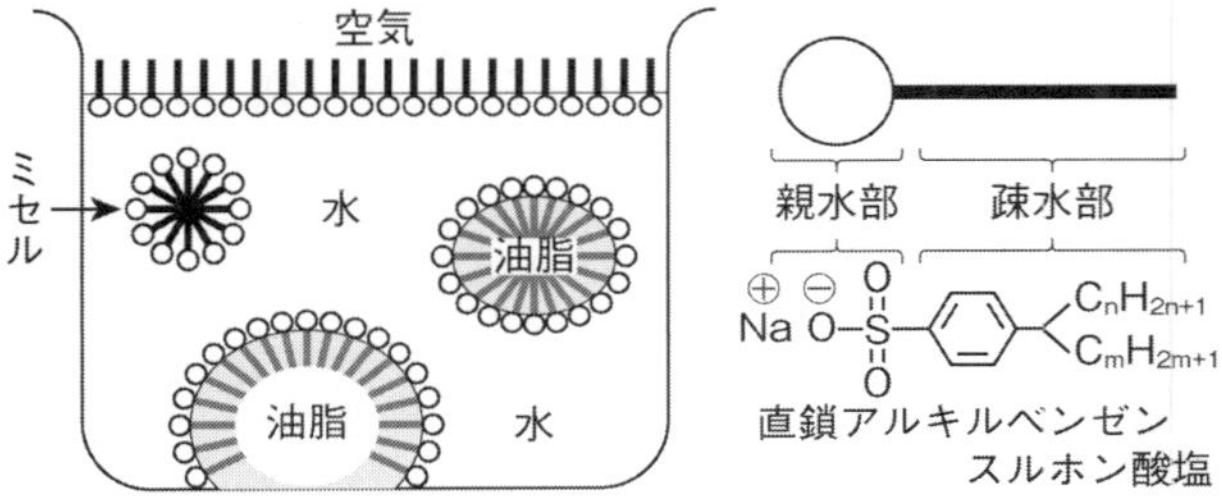

図3－1　界面活性剤の構造（右）と油脂を溶かす様子

の界面の不安定性が解消されます（図3—1）。油に親水性の衣を着せることで水に溶けるものに変えてしまう、これが界面活性剤の働きです。余った両親媒性分子は水と空気の界面に集まって膜となったり、親水性部を水に向けた、ミセルと呼ばれる状態で溶けています。

環境への負荷、安全性、生産コストなどの要因により、洗濯洗剤に使われる界面活性剤の種類は限られています。現在の主流は直鎖アルキルベンゼンスルホン酸塩です。図の化学構造式の右側部分のアルキルベンゼンが疎水部で、スルホン酸塩（$SO_3^-Na^+$）が親水部になっています。スルホン酸塩は肌への刺激性が強いので、ベビー用洗剤などではエチレングリコール（$-C_2H_4O-$）や糖類（グルコース、ショ糖など）のような中性物質を親水部に用いた界面活性剤が使われています。

洗剤には界面活性剤の働きを助ける補助成分が多数配合さ

れており、それらが洗浄力に差をつけます。水道水にはカルシウムイオン（Ca^{2+}）やマグネシウムイオン（Mg^{2+}）のように二つの正電荷をもつ金属イオンが含まれています（いわゆるミネラルと呼ばれるものの一部）。これらの金属イオンはイオン結合によって二つの界面活性剤を連結し、両親媒性物質としての特性を弱めてしまいます。これを防ぐため、金属封鎖剤と呼ばれる、金属イオンを包み込んで孤立させる成分が配合されています。

最近の洗剤の多くには酵素が配合されています。タンパク質やデンプンなどは糸状の高分子ですが、絡《から》まった糸をほぐすのが難しいように、これらに由来する汚れは一度乾燥して固まってしまうとなかなか水に溶けません。しかし、酵素分解によりバラバラにすると水に簡単に溶けるようになります。プロテアーゼという酵素はタンパク質を、アミラーゼはデンプンを分解します。

さらに界面活性剤の親水部に漂白剤として働く分子をつけた漂白活性化剤は、疎水部が汚れに突き刺さり、その場で効果的に汚れを分解することで、漂白作用が働きます。（池田太一）

Q4 消臭剤はどうしてにおいがとれるの？

人間が悪臭と感じる四大物質は、アンモニア（糞尿のにおい）、トリメチルアミン（腐った魚のにおい）、硫化水素（腐った卵のにおい）、メチルメルカプタン（腐ったタマネギのようなにおい）、です。これらは、動物性または植物性の食物の中のタンパク質がアミノ酸に分解して発生し、空気中にガス分子として揮発したものです。これらのにおい分子が鼻腔に入り、嗅細胞の感覚器でとらえられると、人間は悪臭と感じます。冷蔵庫のにおいもこれによるものですが、このにおい分子がなければ、あるいは鼻腔に入らなければ、私たちはにおいを感じません。

においを分子をなくす方法は、大きく分けて二つあります。一つは化学的消臭法で、これはにおい分子の形を変えて無臭にする、つまり嗅細胞の感覚器にとらえられなくするものです。アンモニアを硫酸鉄と反応させ、硫酸鉄アンモニウム塩や硫酸アンモニウムにしてしまうのが、この方法です。

もう一つは物理的消臭法で、活性炭などの表面ににおい分子を吸着させてしまう方法です。冷蔵庫の消臭剤のほとんどが、この物理的消臭法を利用しています。

においが分子が固体表面へ吸着するのは、固体表面と気体分子の間に弱い引力相互作用があるからです。空気中にいるよりも、固体表面に吸着する方がエネルギーが低く、状態として安定しているので、いったん固体表面に付くと離れません。におい分子が表面を覆《おお》いつくすまで吸着するので、吸着させる面積が大きければ大きいほど、におい分子を大量に除去できるわけです。

炭《すみ》は、昔から脱色や脱臭用に使われていました。図4―1は備長炭の電子顕微鏡写真ですが、このように直径一～一〇〇μmの細かな穴の開いた構造をしているので、直径一nm程度のにおい分子は、穴の奥まで入り込んで、壁に吸着します。

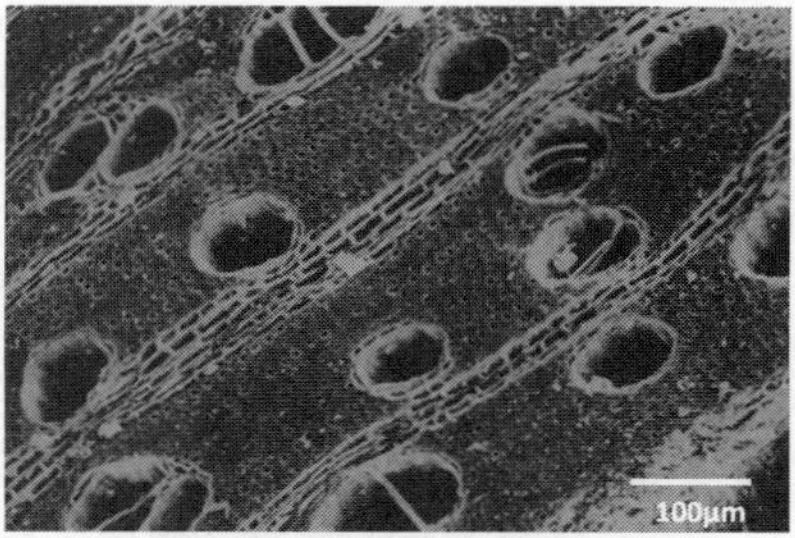

図4－1　備長炭の電子顕微鏡写真

冷蔵庫の消臭剤に使われている活性炭は、炭を熱処理して、もっと細かな穴をあけ、表面積をより大きくしたものです。市販されている活性炭でも、一g当たり一〇〇〇㎡の表面積があります。また、活性炭の二～数nm程度の細孔に吸着したにおい分子は、細孔内の奥の方で凝集するため（図4―2）、表面に吸着したもののおよそ一〇〇〇倍のにおい分子がとらえられます。一g

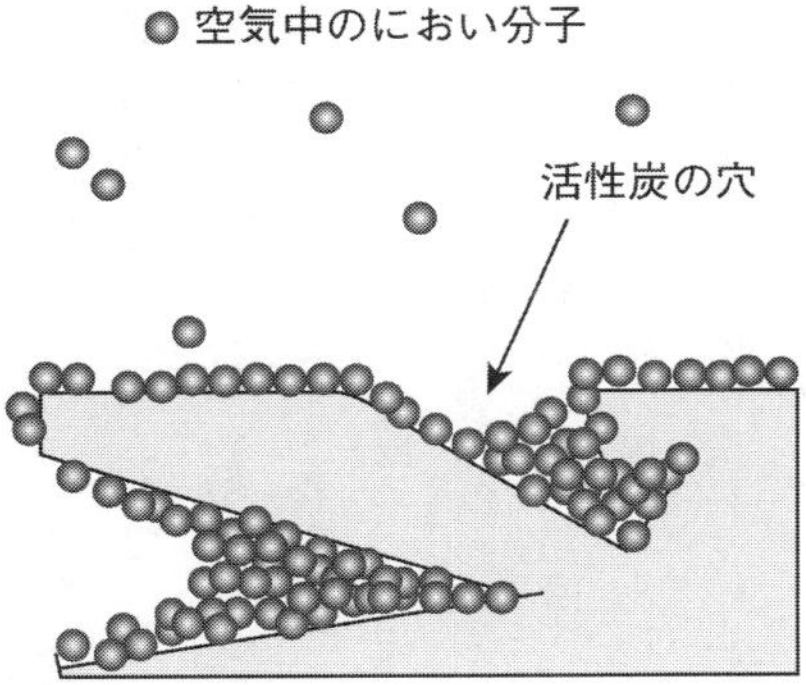

図４－２　凝集現象の模式図

の活性炭で、一〜一〇㎤のにおい分子をとらえられることになります。

たとえば、人間がにおいとして感じる限界は、アンモニアなら一・五ｐｐｍ（ｐｐｍは一〇〇万分の一）、メチルメルカプタンであれば〇・〇〇一ｐｐｍだと言われています。三〇㎥のワンルームに、〇・〇〇三㎤のメチルメルカプタンがあれば、人間はそれを感じるわけですが、におい分子がこれだけだと仮定すると、原理的には一ｇ程度の活性炭でこの空間を消臭することが可能なわけです。

茶殻やコーヒーのカスにも脱臭力があるのは、やはり表面積が大きいためです。シリカゲルや、ゼオライトが分子を取り込む原理も、活性炭と同様のものです。

（板倉明子）

Q5 よく付く接着剤はどんなしくみなの？

接着とは、二つの固体表面（被着材）に液体状の接着剤を塗りつけて貼り合わせたとき、接着剤が固化・硬化することで二つの固体面が接合する状態をいいます。

接着剤の歴史は旧約聖書にまで遡《さかのぼ》ります。ノアの方舟《はこぶね》の防水処理やバベルの塔のレンガの接着にはアスファルトが接着剤としても使われたそうです。古代メソポタミアなどでもアスファルトを使ってレンガを固め、建造物や道路を作っていました。日本でも、縄文時代後期の遺跡から、アスファルトで石製の鏃《やじり》や銛《もり》を矢《や》柄《がら》や柄に取り付けた道具や、アスファルトで補修された土器や土偶が多く見つかっています。

また、天然素材の接着剤として、漆《うるし》、膠《にかわ》、デンプン、なども有史以前から使われてきました。きわめて親密で堅い交わりのことをたとえて、膠漆之交《こうしつのまじわり》と言いますが、ここからも「漆」や「膠」などの天然接着剤が、昔の人々の生活にいかに深く根付いていたかがうかがえます。このように二〇世紀はじめまで、接着剤といえば天然由来の樹脂、ゴム、タンパク質、デンプンでした。ところが、合成樹脂、合成ゴムが誕生すると、それまで紙や木などを接着するだけだった接着剤の用途が、航空・自動車産業、医療といった新しい分野に広がっていきました。

さて、話を戻しましょう。よく付く接着剤のしくみは、実のところ、まだ未解明な点が多いのが現状です。なぜなら、接着には実に多くの因子が複雑に関与しているからです。接着剤の性能は主に被着材と接着剤の間の相互作用と、固着した接着剤の凝集力に影響されますが、そこには大きく三つの接着機構が関与していると考えられています。

（一）機械的なアンカー（投錨）効果：紙、木、繊維は、表面にたくさんの穴が開いた多孔質構造です。そこに、液体状の接着剤を塗ると、多孔質中に接着剤が入り込んで硬化が起こり、あたかも小さな釘を打ち込んだような構造になります。これをアンカー（投錨）効果と呼びます。多孔質材料の場合ではこの機構は理解できますが、ガラスや金属など非孔質材料の接着機構をうまく説明できないという問題があります。

（二）物理的接着：接着が起こるには、まず接着剤が被着材の表面で濡れる（wetting）ことが必要です。これには被着材の表面自由エネルギーが関与しています。たとえば、表面自由エネルギーの小さいテフロンなどの撥水・撥油性材料は、接着剤を弾《はじ》いてしまうため、接着が難しくなります。

（三）化学的接着：被着材同士が接着剤との共有結合を介して接着することです。代表的なも

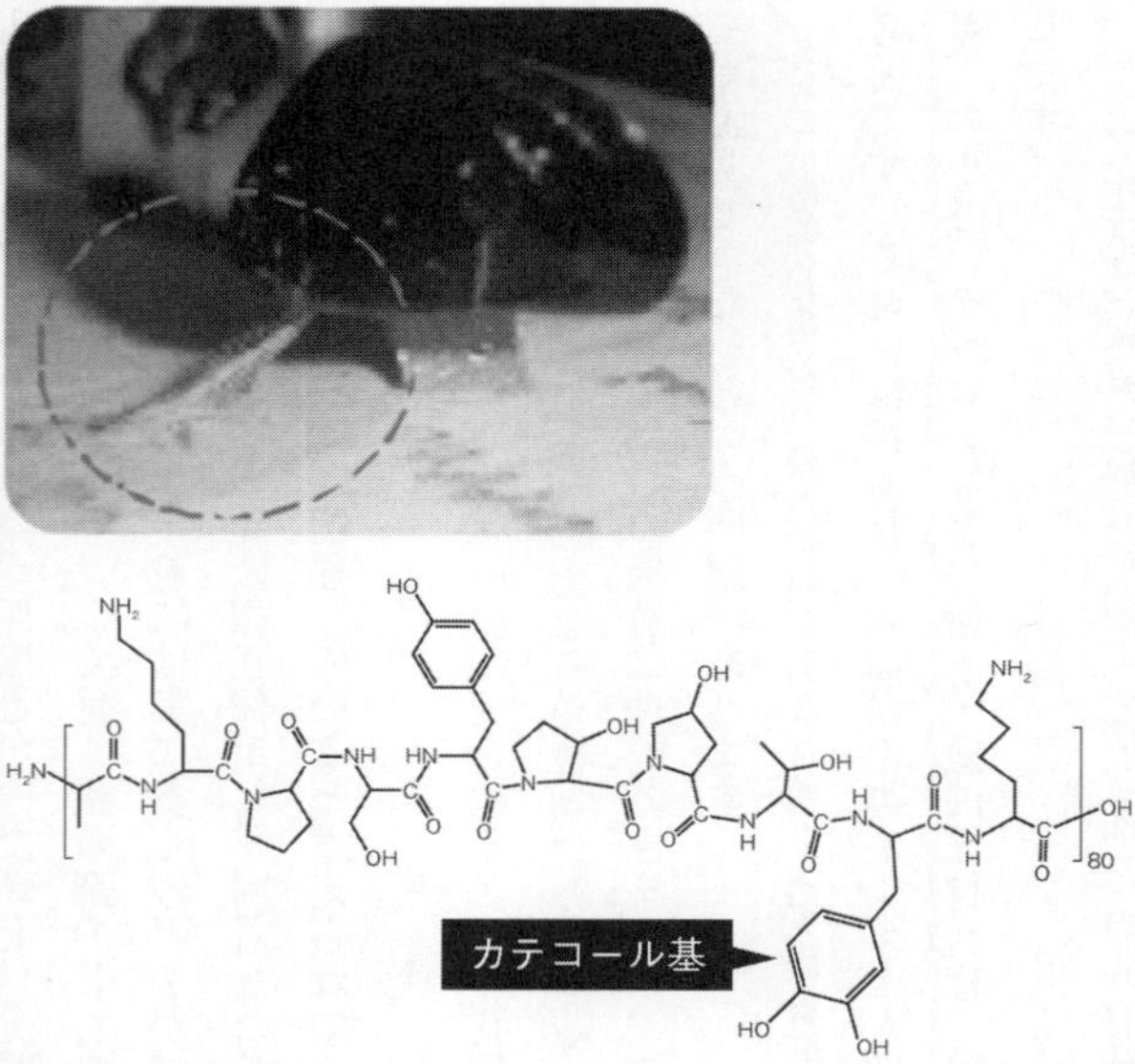

図5－1　イガイ（上）と接着タンパク質の構造（下）

のとして、イソシアネート基やエポキシ基が含まれる接着剤があります。これらの官能基は、被着材表面の水酸基などと容易に共有結合を形成するので、接着剤と被着材を接着させます。

一方、生物の中には、人工接着剤と全く異なる方法で優れた接着機能を獲得したものがいます。フジツボやイガイなどの付着生物と呼ばれる水棲生物です。付着生物の代表格であるイガイは、岩礁や水中建造物、船底などに付着するときに、「接着タンパク質」と呼ばれる接着物質を分泌します（図5－

1)。このタンパク質には、ドーパ（Dopa）というカテコール基を側鎖に持つアミノ酸が多く含まれています。これが、岩礁・建造物の無機・金属酸化物表面と相互作用することで、強固な接着機能が生まれます。水中で硬化し、かつ、長期間にわたり効果を維持することは、最先端の人工接着剤をしてもかないません。最近では、接着タンパク質を模倣した人工接着剤の研究も盛んに行われています。（内藤昌信）

Q6 肌をきれいに見せる化粧品のなぞ

地上に届く太陽の光には、人間の目に見える光（可視光線）と目に見えない光（赤外線や紫外線）があります。紫外線は、波長によりＵＶＡ（三一五〜四〇〇nm）、ＵＶＢ（二八〇〜三一五nm）、ＵＶＣ（一〇〇〜二八〇nm）の三種類に分けられます。このうち、強い殺菌作用があり生体に対する破壊性がもっとも強いＵＶＣはオゾン層で吸収され地表には届きませんが、ＵＶＢの一部とＵＶＡはオゾン層を通過して地表に届きます。ＵＶＢは主に肌の表面で吸収されて肌に炎症を起こし、シミやソバカスなどの色素沈着を起こす原因にもなります。ＵＶＡは肌を黒くするほか、皮膚の奥深くに侵入するので、長期間浴びるとシミやたるみなどの肌の老化を引き起こします。

ＵＶカット機能を持つ化粧品には、肌をきれいに見せるために可視光に対する高い透過性と、四〇〇nm以下の紫外光をカットする特性が要求されます（図６—１）。現在広く利用されているサンスクリーン剤には、有機系の紫外線吸収剤と無機系の紫外線遮蔽剤が使われています。有機系吸収剤は紫外線を吸収し分子構造を変化させ、紫外線を熱に変換して紫外線の侵入を防ぎます。有機熱の放出後は再び元の状態に戻り、紫外線の吸収を再開します。有機系吸収剤はＵＶＢをよく

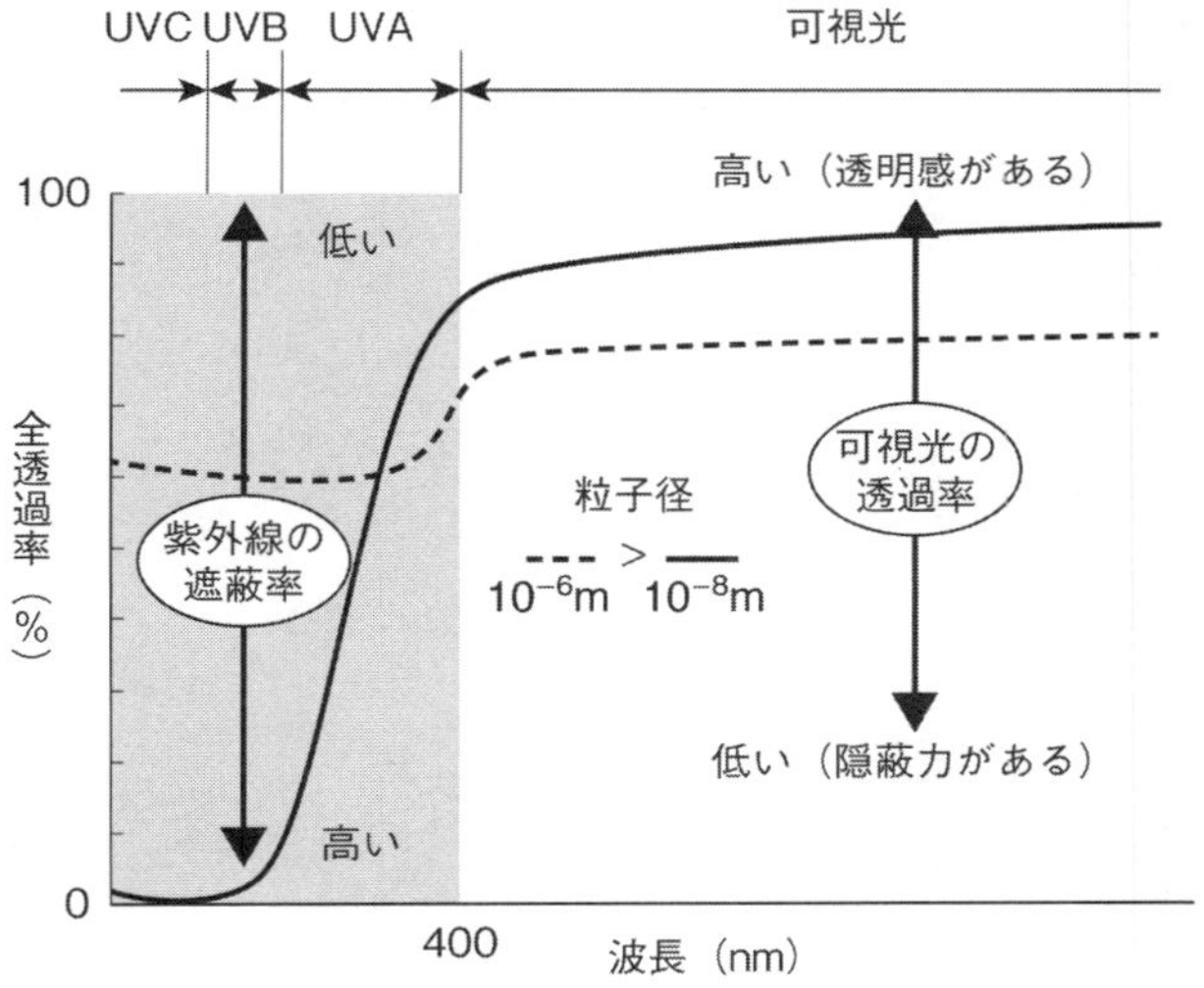

図６－１　紫外―可視光における粒子の大きさと光吸収スペクトル

吸収しますが、波長の長いＵＶＡを効果的に吸収する成分は限られており、長時間の紫外線吸収で変質しやすいという問題もあります。一方、無機系遮蔽剤は紫外線に対し非常に安定しており、肌への負担が少ないという特徴があります。その原理は、基本的には光を吸収して電気に変換する太陽電池と同じで（第５章Ｑ46参照）、太陽電池では可視光を吸収するシリコンなどの半導体を使うのに対して、ＵＶカット化粧品では紫外線を吸収する、という点が異なります。

一般に半導体や絶縁体のバンドギャップ（*Eg*：化学結合が強い物質では大きくなります）以上のエネルギーを持つ光を

照射すると、その物質の価電子帯の電子が伝導帯に励起され、価電子帯に正孔（h^+）が生成されて光が吸収されます（図6―2）。酸化チタンと酸化亜鉛は光吸収端の波長が図6―1の可視光と紫外光の境界付近にあり、可視光を透過して紫外線を吸収するのにちょうど良い性質を持っています。特に酸化チタンはＵＶＢ、酸化亜鉛はＵＶＡの吸収に適しています。このほかに無機系遮蔽剤にはその大きさや形によって光を反射させたり散乱させたりする効果も加わります。

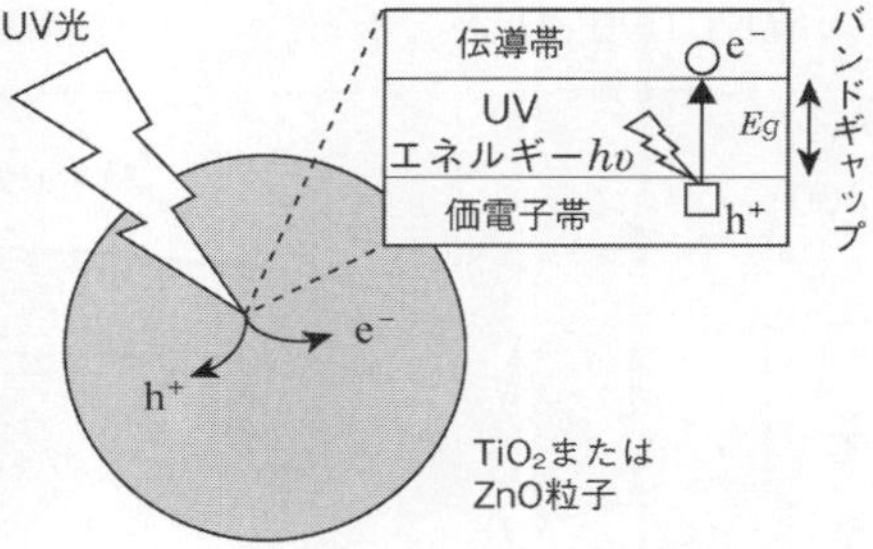

図６－２　無機系遮蔽剤による
UV カットのメカニズム

通常、紫外線の散乱効果を高めるために粒径が数十nmくらいの超微粒子が利用されています。粒径が小さくなると波長が長い可視光線を反射しにくくなるため、白が浮き出て見える、という白浮きが改善されます。五〇nm以下の微粒子を使用すると通常の化粧品粒子（二〇〇〜三〇〇nm）よりかなり透明感が出て肌を美しく見せる効果がプラスされます。なお、実際使われている化粧品では肌への負担を減らすためにナノ粒子の表面を安定な物質で覆《おお》う処理が行われています。（打越哲郎・松永知佳）

Q7 直毛とくせ毛は何が違うの?

簡単な実験をしてみましょう。髪の毛を指でつまんでクルクルと回してみます。じつは直毛は滑らかに回るのに対し、くせ毛は回りづらいのです。直毛とくせ毛の違いとは、直毛には表も裏もなく、くせ毛には表と裏（正確に言うとカールの内側と外側）があることです。つまり、くせ毛はカールの内側と外側で髪の毛を作っている一つ一つの組織が異なっているということです。

まず、髪の毛を作っている組織についてお話しします。髪の毛は主に、キューティクル（毛表皮）、コルテックス（毛皮質《もうひしつ》）、メデュラ（毛髄質《もうずいしつ》）という三つの組織で成り立っています。羊の毛のコルテックスには二種類、水を吸収しやすいコルテックス（オルソコルテックス）と水を吸収しにくいコルテックス（パラコルテックス）があります。人の髪の毛にも羊の毛に似た構造のコルテックスがあることがわかっています。一般的に、日本人の髪の毛の太さは、一〇〇㎛（〇・一㎜）くらいで、その中のキューティクルの厚さやコルテックスの太さは五㎛くらいです。これはシャープペンシルの芯（直径〇・五㎜）の一〇〇分の一ほどの太さで、肉眼では見えません。

髪の毛の中の組織を調べるため、髪の毛を輪切りにしてその断面を観察する手法があります。

顕微鏡で、輪切りにした髪の毛の断面を見ると、直毛は真円（真ん丸）に近い形をしています。一方、欧米人に多い緩やかなくせ毛では断面が楕円形を、さらにアフロヘアと呼ばれるくせ毛ではおにぎりのような三角形になっています。冒頭で髪の毛をクルクル回したときの回りやすさは、この断面の形と関係しているのです。

この断面について、さらに細かい組織まで観察する方法があります。それは電子という小さい粒子を利用する透過型電子顕微鏡です。透過型電子顕微鏡で直毛を見ると、二種類のコルテックスが均一に散らばっていることが観察できます。一方、くせ毛の場合、カールの内側にあたる部分と外側にあたる部分とでコルテックスの種類に偏りがあり、カールの内側にパラコルテックスが多く、外側にはオルソコルテックスが多く観察できます。梅雨時で湿度が高いときに、くせ毛の人は髪がまとまりにくいといわれますが、これはカールの外側のオルソコルテックスが水を吸いやすく、内側のパラコルテックスは水を吸いにくいため、髪の毛の表裏で膨張に差が生じ、くせ毛のくせがより強くなってしまうからです。

また、ダメージを受けた髪の毛が、はねてまとまりにくくなるということがよくあります。最近の原子間力顕微鏡を使った研究では、ダメージの受け方も直毛とくせ毛では違うことが分かってきました。原子間力顕微鏡は、とても細い針で観察したいものの表面をなぞることによって、

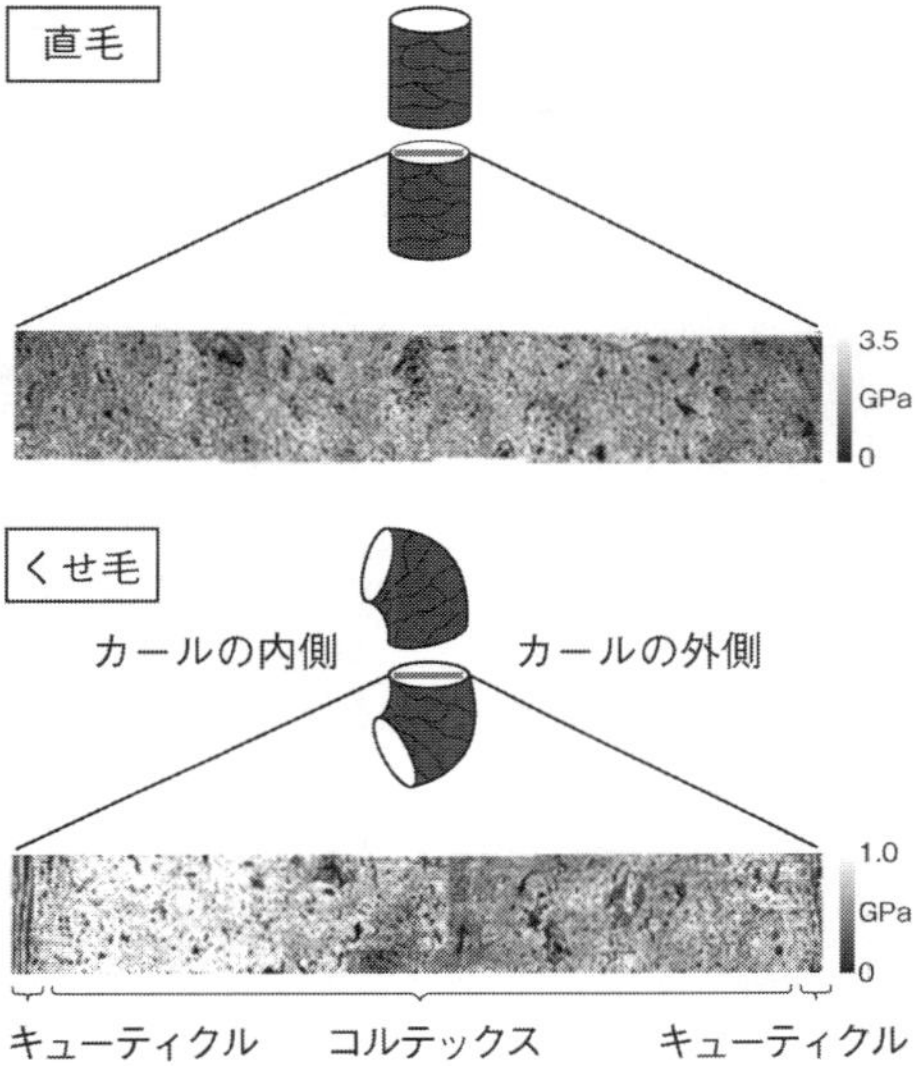

図７－１　原子間力顕微鏡による直毛とくせ毛の弾性率像

凹凸だけでなく弾性率（硬いか軟らかいか）などをマイクロ～ナノスケールで測ることができます。この原子間力顕微鏡を使ってヘアブリーチ後の髪の毛を調べ、その断面の弾性率が水中でどのように分布しているかを表示したものが図７－１です。図中の白いところは硬く、黒いところは軟らかいことを示しています。直毛ではどの部分も同じような硬さですが、くせ毛ではカールの内側にある組織と外側にある組織で硬さが異なることが分かります。もともとくせ毛はカールの内側と外側で性質に違いがありますが、ヘアブリーチ等でダメージを与えると、その差がさらに大きくなるということなのです。これがダメージを受けた髪の毛がはねてまとまりづらくなる原因の一つと考えられます。このような情報をもとにヘアカラーやヘアケア製品の研究開発が行われています。（名和哲兵）

Q 8 無反射フィルムやバリアフィルムはどんな構造なの？

夜に室内から窓ガラスを見ると、鏡のように部屋の様子が映って見えます。これはガラス表面で光が反射するためです。物体表面で光が反射するのは、空気と物体の屈折率が異なっているためで、平坦なガラスの表面では約四～五％の光が反射されます。携帯電話やパソコンのディスプレイ表面での光の反射（いわゆる映り込み）は画面を見にくくします。このために、無反射フィルムが必需品となっています。

光の波としての性質を利用した無反射フィルムは構造が単純なために広く用いられています。ガラス表面に高分子（プラスチック）フィルムを貼ると、フィルムの表面（空気との界面）とフィルムの底（ガラスとの界面）で二つの反射光が生じます（図8―1ⓐ）。二つの反射光（実線と点線）の波の山と谷が一致して打ち消しあうように厚さを設計すれば、反射光をなくすことができます。このタイプの無反射フィルムは、正面から見たときには効果を発揮しますが、斜めから見ると逆に映り込みが増えてしまいます。

最近、蛾《が》の目（モスアイ）が持つ無反射特性を模倣したフィルムが開発されました（三菱レイヨン）。このフィルムの表面には高さ二〇〇nm、底辺の直径が一〇〇nmの円錐形の山が規則的に並んでいます（図8—1(b)：Q19参照）。厚み方向の屈折率を連続的に変化させることで可視光の反射は〇・五％以下に抑えられる、画期的な無反射フィルムとして、実用化がはじまっています。

また、バリアフィルムと呼ばれる、食品を保護するフィルムも開発されています。たとえば、食品の酸化（変色、味劣化の原因）を防ぐ酸素バリア、乾燥または湿気を吸ってしまうのを防ぐ水蒸気バリアがあります。従来、これらの機能を実現するために金属缶やガラス瓶が使われましたが、省資源や輸送コストの問題から、より軽量なバリアフィルムが求められています。

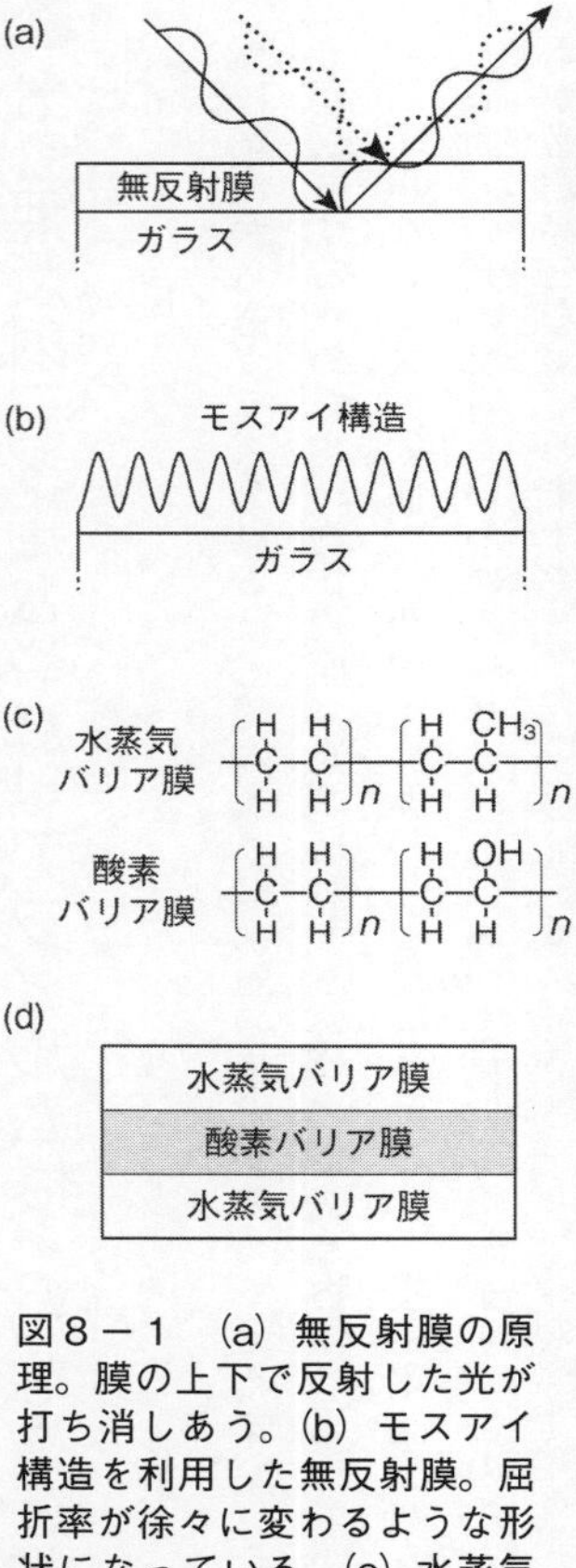

図8－1　(a) 無反射膜の原理。膜の上下で反射した光が打ち消しあう。(b) モスアイ構造を利用した無反射膜。屈折率が徐々に変わるような形状になっている。(c) 水蒸気および酸素バリア膜に使われる高分子の化学構造。(d) バリアフィルムのサンドイッチ型構造。水蒸気バリア膜が酸素バリア膜への水分の侵入を防ぐ

スナック菓子やレトルト食品の包装で内側が銀色に見えるものがあります。これは高分子フィルムとアルミ箔を重ねたものです。高い酸素・水蒸気バリア性を示しますが、内容物を眼で確認できない、使用後のリサイクルが難しい、レトルト食品では加熱するのに電子レンジが使えないという問題があるため、高分子だけを使ったバリアフィルムへの転換が進められています。

酸素分子の大きさは約〇・三nmで、その透過を防ぐには隙間ができないように高分子を束ねる必要があります。そこで水酸基（–OH）を持つ高分子が使われます（図8―1(c)）。この水酸基が水素結合と呼ばれる分子間力で高分子同士を束ねるため、高い酸素バリア性を示します。ところが高湿度環境では水分子が水素結合の邪魔をするため酸素バリア性が低下してしまいます。そのために酸素バリア性は低くても水蒸気バリア性が高い疎水性のポリエチレンやポリプロピレン膜で挟み込んだ多層膜が使われています（図8―1(d)）。

このようなバリアフィルムは食品包装だけでなく、エレクトロニクス材料や太陽電池などの劣化を防ぐためにも利用されています。（池田太一）

Q9 透明な飲み物の透明性は何で決まるの？

私たちが日々の生活の中で当たり前のように手にしている〝飲み物〟の中には、透明な飲み物だけでなく、不透明な飲み物があります。不透明な飲み物の代表は牛乳、野菜ジュース、抹茶、甘酒などです。しかしなぜ不透明になるのでしょうか？ 〝不透明〟という現象は、非常に身近な物理現象であり、この本質を理解すると世の中が違って見えてきます。

まず〝透明〟とはどういうことかを簡単に説明します。透明な飲み物では、その奥にあるものを見ることができますね。つまり、飲み物（液体）の奥にあるものから発せられた光が、飲み物を通って私たちの目で感知できるわけです。これは飲み物の中に光の進行を妨げるものがなく、光が飲み物を透過したということです。一方、不透明な飲み物では、飲み物の向こう側がほとんど、あるいはまったく見えません。これは、飲み物の中に含まれる物質が光の透過を妨げているからです。

ここで〝光〟とひと言でいっていますが、自然界には様々な種類の光があります。日焼けの原因となる紫外線、目で見ることができる可視光、ヒーターなどから出る赤外線、レントゲン

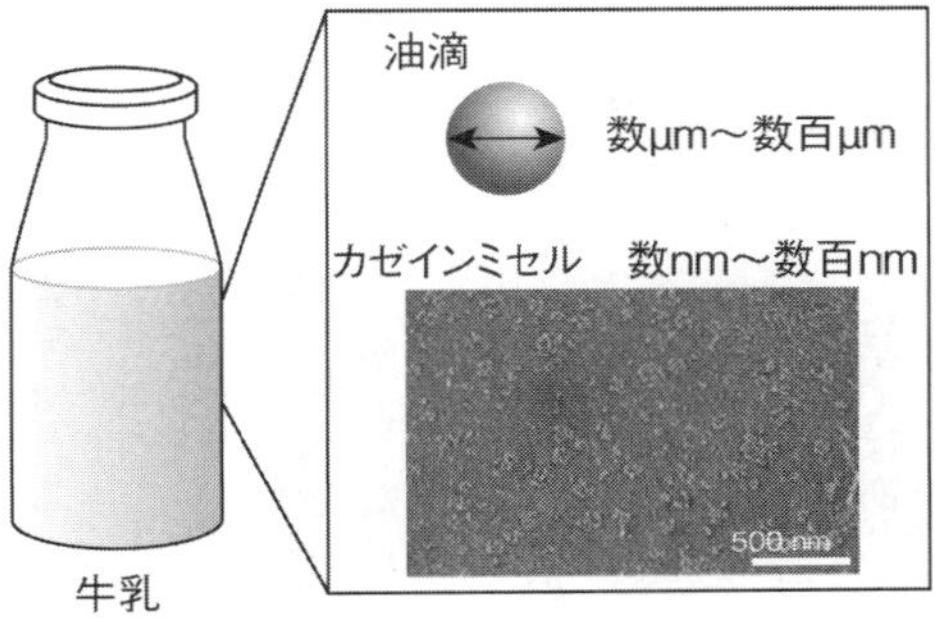

図9－1　牛乳の中のミセル構造

撮影をする際のX線など、それらはすべて光です。このうち、私たちが普段目にしているのは一般に可視光と呼ばれる三八〇～七六〇nm程度の波長をもつ光です。それ以外の紫外線や赤外線などは、一般的には人間の目では感知できません。つまり飲み物が濁るという現象は私たちの目で感知できる可視光領域の光の物理現象なのです。

飲み物の中に存在する物質がある程度の大きさになると、可視光領域の光とぶつかり、相互作用します。たとえば、牛乳の中には様々なタンパク質が含まれており、その中のカゼインなどのタンパク質は自ら集まって集合体を形成します（この集合体をミセルといいます）。図9－1に牛乳の中のミセル構造を模式的に示します。牛乳には、タンパク質だけでなく脂肪も含まれており、この脂肪は一般に水には溶けません。そのため、牛乳の中に小さな滴として分散した状態で存在しています。このような分散した微小体のことを一般にコロイドと呼びます。実はこれらのコロイドの大きさは可視光の波長の数十分の一〜数十倍であり、ちょうど可視光と相互作用をしやすい大きさなのです。これらの大きさをもった物質に可視光が当たると、いったん、物質にそのエネルギーが吸収された後、すぐ放出されます。この現象を〝散乱〟と呼び、牛乳の反対側から入った光の透過を妨げ、濁った飲み物を作りだす原因となるのです。

また、カゼインのミセルと脂肪滴では異なる散乱をしています。カゼインミセルは可視光の波長より小さく、数nm〜数百nmの大きさしかありません。この場合の散乱をレイリー散乱と呼び、その散乱の強さは入ってくる波長の四乗に反比例します。つまりカゼインミセルでは波長の短い青い光ほどよく散乱されるのです。一方、脂肪のような滴は可視光の波長よりも大きく、この場合にはミー散乱が生じ、波長の違いによる散乱の強さに違いはありません。つまり、牛乳が白く見えるのは、可視光領域のあらゆる光（赤、緑、青など）がミー散乱し、これらの色がすべて合わさって見えているためなのです。この、光が透過できずに濁って見える、という現象は、何も飲み物に限った話ではありません。たとえば、霧という現象は、温度変化により空気中に含まれていた水蒸気が凝結し、水滴として空気中に出てきて分散した状態です。これらの水滴に可視光が当たるとミー散乱が生じるため、前方が白っぽくなって見えにくい状態になります。

昼間の青い空も散乱に関係しています。大気中にそれほど大きな物質が浮遊していないときは、太陽から届く光は大きな物質で散乱（ミー散乱）されることはありません。しかし、波長の短い青の光は大気中に存在する微小な物質によりレイリー散乱するため、青い光だけが私たちの目に届くので、これも一種の濁り現象ともいえます。このように、身の回りには散乱により引き起こされる様々な現象があるのです。（竹内俊文・北山雄己哉）

コラム

【ノーベル賞：アーヴィング・ラングミュア――表面化学の研究（一九三二年）】

アーヴィング・ラングミュア（一八八一年―一九五七年）は、米国の化学者、物理学者です（写真）。一九三二年に表面化学の分野への貢献でノーベル化学賞を受賞しました。今でこそ、表面化学とは、液体と固体、気体と固体、固体同士、液体同士など二つの物質が接する境界に生じる現象を幅広く扱う、化学の一分野ですが、彼はその黎明期に表面化学の基本的な考え方を確立しています。

表面化学に関わる研究業績は多岐にわたっていて、高真空環境を作るための水銀拡散ポンプの開発や、真空環境を測るための真空計の発明、不活性ガス封入によるタングステン電球の長寿命化、固体表面に分子が吸着・脱離する速さを分子レベルで考察したラングミュア吸着式の導出、白金の触媒作用の機構解明の研究、などなど。気体

ゼネラルエレクトリックの研究室にて（左から３人目）
AIP Emilio Segrè Visual Archives

の放電により生じる気体分子が、電子と陽イオンに分かれた状態を「プラズマ」と命名したのも彼です。

大気科学や気象学にも研究分野を広げ、風によって列を成す湖面の藻の動きの観察から、湖面から湖底へ向かう速い下降流があることを発見しました。この、ラングミュア循環流と言われる海洋や湖沼の流れは、水中の溶存ガスや栄養塩の分布にも影響し、現在の地球環境問題を考えるうえで重要な因子の一つになっています。

さて、ノーベル賞の研究に戻ると、一九一七年に、その基礎となった油膜の化学的性質についての論文を発表しています。水面で疎水性部分を大気側に、親水性部分を水側に向けて集合し、分子一層分の膜ができる現象を、理論的に説明しました。洗剤の成分である界面活性剤や、細胞膜をつくるリン脂質分子も親水部分と疎水部分の両方をもつため、同じ仕組みです。基板の上に分子膜を一層ずつ積層する技術は、今も多くの人が分子でセンサーや電子素子を作製するのに利用しています。

ラングミュアはまた、「病的科学」という用語を作った人でもあります。観察者や実験者の主観やミスによって誤って見出される現象や効果を指す用語で、「事実でない事柄についての科学」として定義されました。「科学者はこうあるべきだ」という、彼の科学に対する姿勢を物語っているような気がしませんか？（板倉明子）

第2章

動物・植物の表面科学

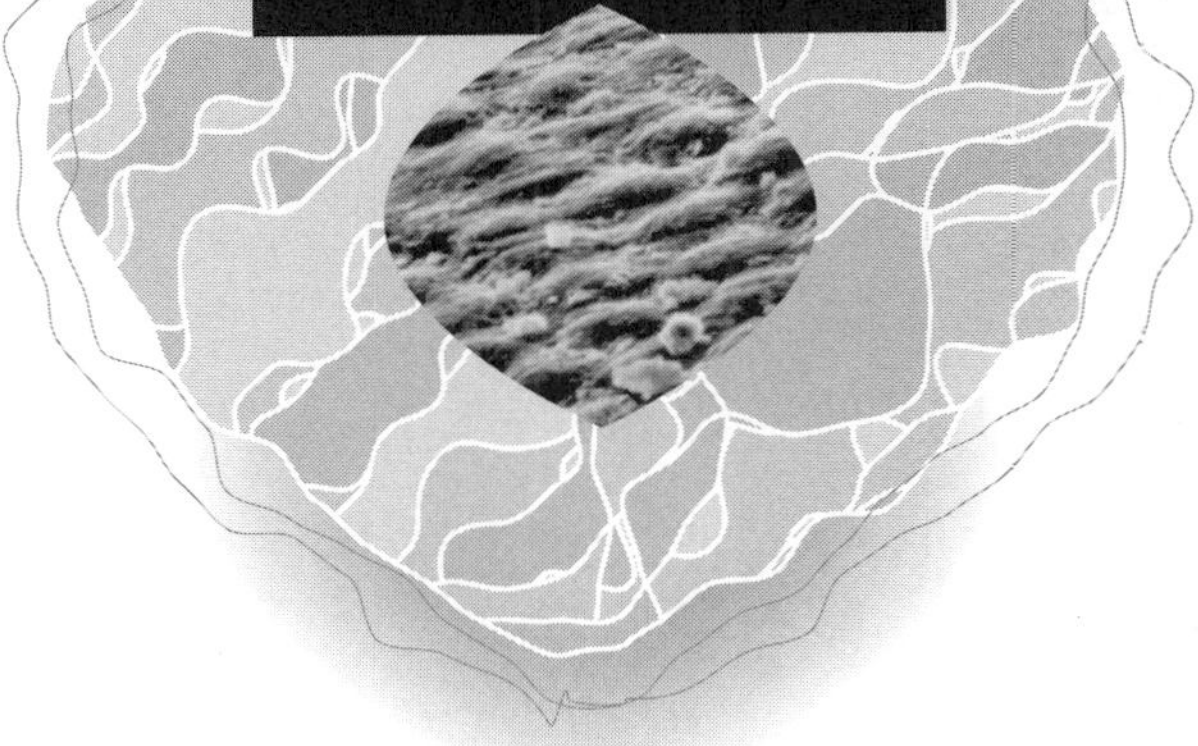

Q 10 ハスの葉はどうして水を弾くの？

雨の日にハスの葉やサトイモの葉を見ると、雨粒がコロコロと葉の表面を転がり落ちていくのをよく見かけます。ところが、ホウレン草の葉は水でビチャビチャに濡れています。どちらも同じ植物ですが、この違いは一体どこから来るのでしょうか？ その秘密は、ハスの葉やサトイモの葉の表面に分泌される化学物質と、表面の構造にあるのです。

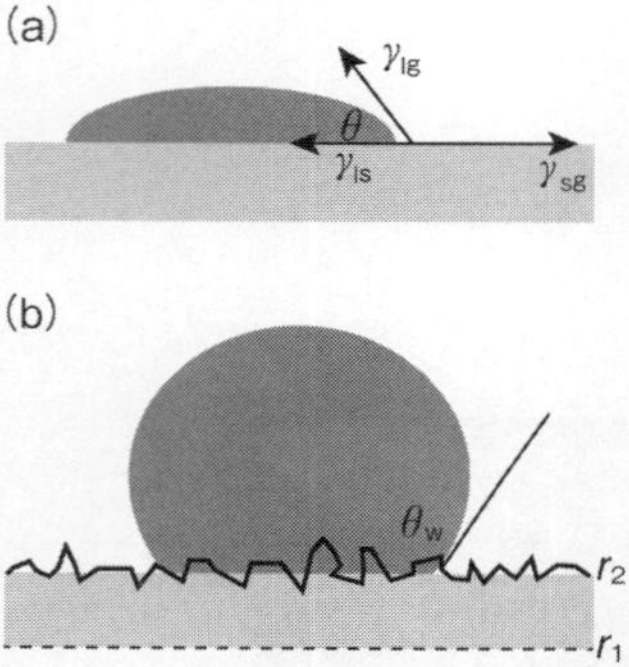

図10－1　平らな表面での水滴の接触角（a）と凹凸表面での接触角（b）

ハスの葉の秘密に迫る前に、物質の表面がどのくらい水に濡れやすいか、という指標である水滴の接触角について説明します。接触角とは、濡れ性を評価したい物質に水滴をおき、横から見たときに水滴と表面がなす角度（θ）を表します。いま、表面に水滴をおいたとき水の表面張力（γ_{lg}）、物質の表面張力（γ_{sg}）、水と物質の界面張力（γ_{ls}）が釣り合うように水滴と物質表面の角度が決まります（図10―1

(a)。その関係は次のヤングの式で表すことができます。

$$\gamma_{sg} - \gamma_{ls} = \gamma_{lg}\cos\theta$$

このように水の接触角を測れば、その表面が濡れやすい表面かどうかがわかります。接触角が大きい方が濡れにくく（疎水性）、接触角が小さい方が濡れやすい（親水性）物質、ということになります。一般的に水に濡れにくい疎水性の物質としては、油性の物質があげられます。たとえばポリスチレンなどのプラスチックやフライパンのフッ素コートなどです。ハスの葉やサトイモの葉も、表面から油性のワックスのような物質を分泌しています。しかしそれだけではありません。

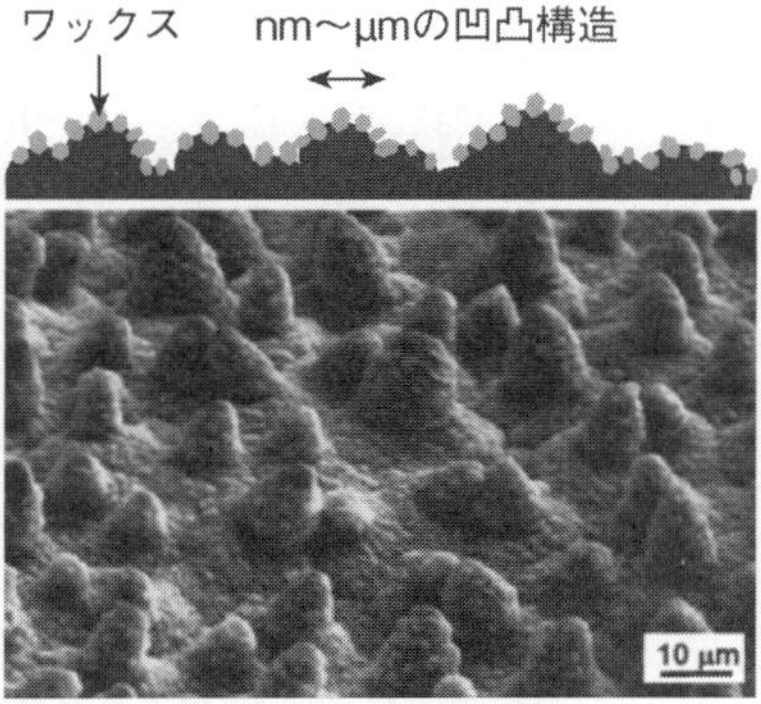

図10－2　ハスの葉表面の模式図と走査型電子顕微鏡像（Koch et al., Soft Mater, 5, 1386（2009）から許可を得て転載）

ハスの葉の表面は㎛サイズの凹凸があり、さらに拡大してみるとさらに細かい凹凸が存在します（図10—2）。凹凸があると見かけの表面積（r_1）よりも、実際の表面積（r_2）が大きくなります。そうなると、表面の影響が大きくなり、濡れ性が強調されることで、接触角（θ_W）が変化します（図

10—1(b))。その関係は以下に示すウェンゼルの式で表されます。

$$\cos\theta_W = R\cos\theta \quad \left(R = \frac{r_2}{r_1}\right)$$

この式が意味することは、表面が疎水性の物質でできていて、表面の凸凹が大きくなればなるほど、いっそう水をはじくようになるということです。ハスの葉はまさにこのような化学的性質と表面構造をもっているために、水をよくはじくのです。

このようなよく水をはじき、接触角が一五〇度以上になる表面を一般的に「超撥水表面」と呼びます。超撥水表面は生物の世界では広く観察されます。たとえば、アメンボが水面に浮いていられるのはこの超撥水性のおかげですし、蛾《が》の複眼やセミの羽も同じように疎水性の表面に微細な凹凸があることで、よく水をはじき、雨粒などで羽が濡れずに飛べるのです。

このハスの葉の特徴を利用して、凹凸した表面を作り、疎水性のフッ素材料でコートすることにより、汚れのつかない塗料やコート剤などが開発されています。(藪浩)

Q 11 カタツムリの殻はなぜいつもきれいなの？

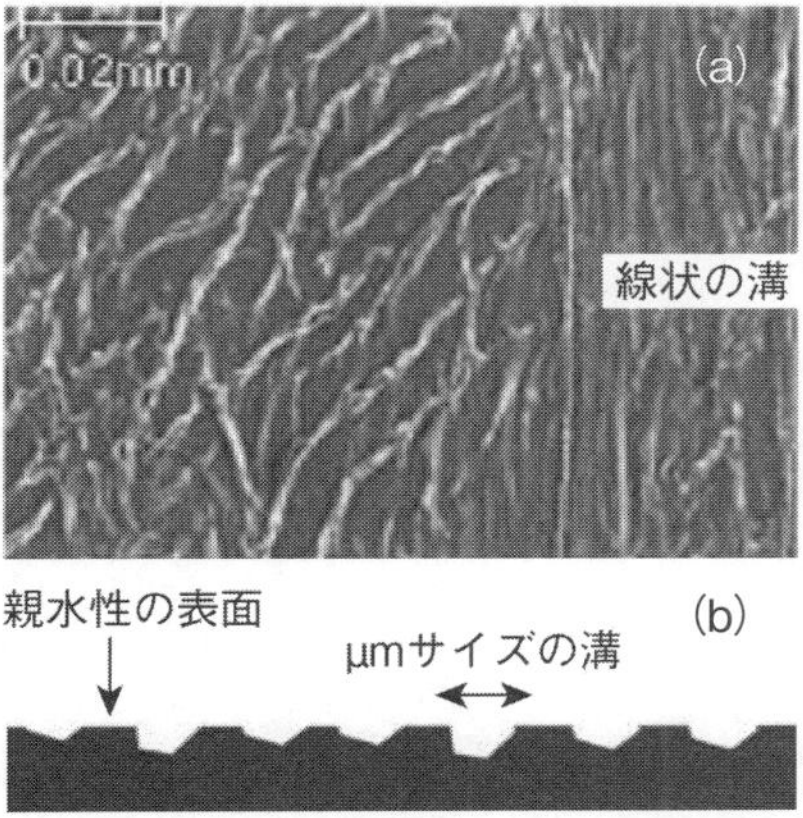

図 11 －1　(a) カタツムリの殻表面の電子顕微鏡像、(b) カタツムリの殻表面の模式図

都会ではほとんど見られなくなりましたが、雨の日、アジサイの葉などにいるカタツムリは梅雨の時期の風物詩でした。そんなカタツムリの殻が、土埃《つちぼこり》などで汚れている、ということはほとんどありません。どうしてカタツムリの殻はいつもきれいなのでしょうか？

カタツムリの殻は貝殻と同じように炭酸カルシウムとタンパク質が複雑に絡《から》み合ってできています。前節で水に対する濡れ性の話がありましたが、ハスの葉とは真逆で、カタツムリの殻の表面は水によく濡れるのです（親水性）。その証拠に、カタツムリの殻の表面はハスの葉とは反対に細かい溝でできています（図11―1）。ウェンゼルの式（第2章Q10参照）に従えば、表面の細かい凹凸は濡れ性を強調することになり、カタツムリの殻の表面はよく水に濡れるというわけです。

この性質によって、梅雨の時期に活動するカタツムリの殻は、常に水の膜で覆《おお》われた状態になります。その結果、土埃などの汚れはすぐに水で洗い流されてしまい、殻はいつもきれいに保たれているのです。

この特徴をまねて、親水性で細かい凹凸の表面を持つタイルや陶器をつくることで、汚れが自然に洗い落とされる外壁などが開発されています。（藪浩）

Q 12 砂漠の昆虫が水を集める得意技とは?

日中の気温が四〇℃を超え、ほとんど雨が降らないことから、砂漠は生物が生きていくには非常に過酷な環境です。特に生命活動に必要な水を確保することは、砂漠の生き物にとって死活問題です。

ナミブ砂漠に生息するゴミムシダマシという昆虫の一種は、その独特の気候を利用して水を得る得意技をもっています。ナミブ砂漠はアフリカ大陸の大西洋岸に位置しています。砂漠といっても、夜は熱を保つ木々や土がないため、気温がぐっと低くなります。海水の温度は常に一定なので、朝方に海からの湿った空気が砂漠に入ると空気中の水分が冷やされ、結露することで濃い霧が生じます(これを海霧、あるいは移流霧と呼びます)。実際にナミブ砂漠では、朝方に海岸線から一〇〇km離れた場所まで霧が進入することが知られています。ゴミムシダマシはこの霧をうまく捕まえるのです。

ゴミムシダマシは朝、巣から這い出すと、砂丘の上で霧がやってくる方向に背を向けて逆立ちします。すると、ゴミムシダマシの背中に霧の水滴が付着し、大きな水滴へと成長していきます。

しばらくすると、ある程度の大きさになった水滴は重力で背中を転がり落ちて、ちょうど口のあるところへと運ばれ、ゴミムシダマシは水を飲むことができる、というしかけです。

ここで大事なのは、タイミングよく転がり落ちることと、水滴の大きさが適切なことです。霧の水滴を付着させたままにしておくと、どんどん大きなしずくに成長していきますから、放っておくとやがてゴミムシダマシの表面がすべて水に覆《おお》われて、水死（窒息死）してしまいます。昆虫は数㎜から数㎝の大きさしかありません。このサイズ領域では重力よりも水の表面張力が支配的なため、昆虫がどんなに暴れても、なかなか水を剝《は》がすことができません。そうなると、砂漠で水死というとても悲惨な結果になってしまいます。もちろん、そんなことにならないようにちゃんと仕組みがあります。

ゴミムシダマシの背中は凹凸しています（図12―1(a)）。凹凸の凹みの部分には水をよくはじく（疎水性）ワックス状の物質が分泌されています。一方で突起の部分には、ワックスがなく、水によく濡れます（親水性）。このように、ゴミムシダマシの背中には疎水性と親水性の部分がパッチワーク状に配置されているのです（図12―1(b)）。ここに霧の水滴が付着するとどうなるでしょうか？　水滴は親水性の部分に集まり、次第に成長していきますが、疎水性の部分には水は付着できません。水滴のサイズが大きくなると水滴の大きさに対して、水滴が付着している面積が少なくなり、やがて重力に負けて転がり落ちます。実際にイギリスの科学者パーカー氏が測定したところ、四～五㎜くらいの大きさで水滴が転げ落ちるということがわかっています。

このような仕組みを模倣して、砂漠で水を捕集する技術の開発が進んでいます。たとえば、疎水性と親水性の部分をパッチワーク状に配列した表面を作ることで、ゴミムシダマシと同じように水を特定の場所に集めたり、同様に布や編み物の表面を加工して、霧から水を集める技術を使って、近い将来、水不足で悩む砂漠に住む人々の生活がよりよくなったり、砂漠の緑化が進められるかもしれません。（藪浩）

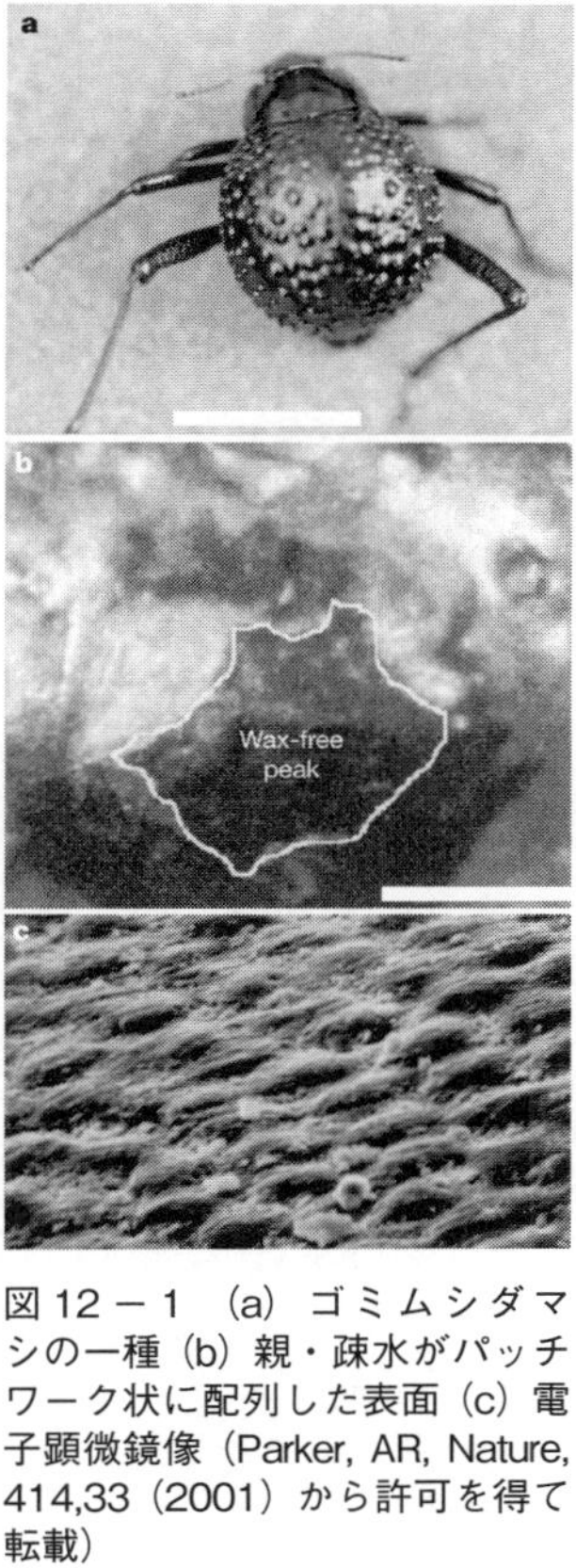

図 12－1　(a) ゴミムシダマシの一種 (b) 親・疎水がパッチワーク状に配列した表面 (c) 電子顕微鏡像（Parker, AR, Nature, 414,33（2001）から許可を得て転載）

Q
13

トンボの翅を真似た風力発電？

図13－1　トンボからヒントを得た風車

一般の風力発電機は微風では回らないことをご存じですか？　日本全国の年間平均風速は、広い範囲でその微風域に相当する秒速二～四ｍであることが知られています（気象庁）。このような微風域でも風を毎日のようにこまめに集めて発電できれば、電力問題を解決できるかもしれません。じつは、トンボの翅《はね》がもつ微風を捉えるすぐれた能力を応用した小型の風力発電機に注目が集まっています（図13－1）。

トンボのように小さな翅をもつものが空をゆっくり飛ぶときと、普通の飛行機が飛ぶときとでは違った状況になります。じっさいに微風の中で飛ぶようすを見てみましょう。飛行機の翼のような流線型では、空気がねばってきて翼にまとわりつき、上手く飛べなくなります。水槽実験をご覧ください（図13―2(a)：空気と水は条件を揃えると流れが全く同じになることが分かっています）。流線型翼の上面に空気たまりができて、翼に沿って空気がうまく流れていないことが分かります。

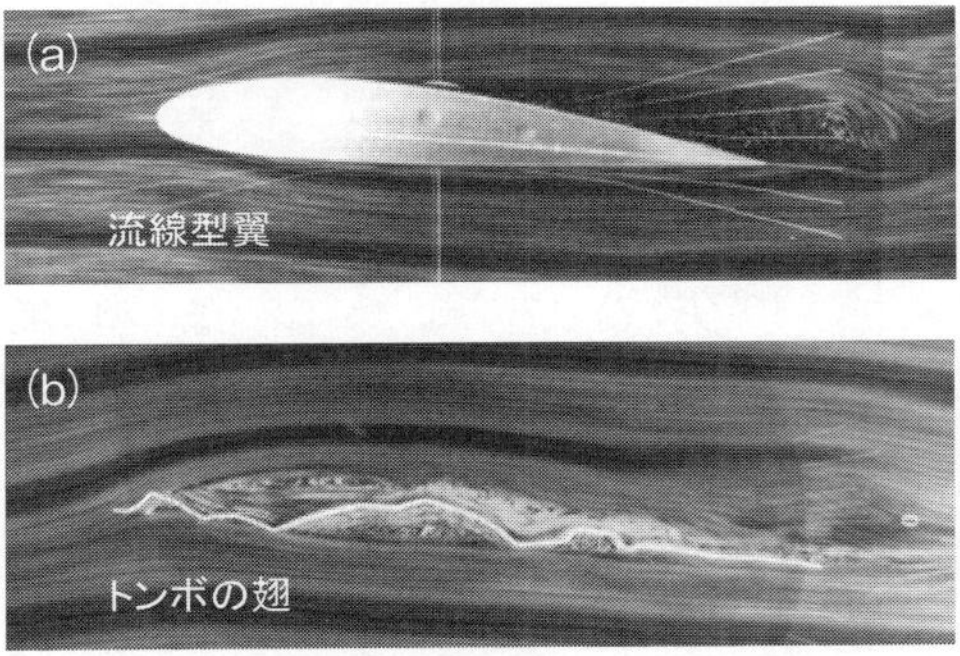

図13－2　低速時の翼周りの流れ（左から右へ）。(a) 流線型翼、(b) トンボの翅

トンボの翅の場合はどうでしょうか。白く映っているのがギンヤンマの翅です。後翅の先端近くの空気の流れを見たものです（図13―2(b)）。

翅の外側の流れは流線型に沿うようになっていますから、揚力が大きく抗力が小さいことを示しています。一方、翅の周辺の流れを調べると、トンボは翅のギザギザの構造によっていくつもの渦を作っており、それによって翅上面の空気たまりを吹き飛ばしていることが見てとれます。

この現象は飛ぶときにだけ現れるわけではありません。トンボの翅を真似れば微風でもよく回る風車ができるのではないかと考えられます。

ところで、風力発電機は屋外に設置されますから台風による強風に耐えなければなりません。普通の流線型翼の場合は、風速が増すほど翼の性能が上がるため、台風が来ると回りすぎて風車は壊れてしまいます。そこで風車は強風時には回転を止めるようになっています。それではトンボのギザギザ翅ではどうでしょうか。その形から想像できるのは、高速の流れには向いていないということです。

では、小型風車に、強風になると柳に風というようになびく性質を羽根に与えることはできないでしょうか？　じつは、トンボの翅を風車に使った場合、風速が大きくなると性能を落としながらも翅がなびくことが確認されたのです。これなら台風に耐えられます。トンボ風車で柳に風の軽量風車が実現できそうです。

これが完成すると、微風から発電を開始し、軽量で取り扱いが容易でしかも安価な超小型風車が手軽に設置できるようになり、情報化の進んだ社会の情報通信用電源としても活用できることが期待されています。（小幡章）

Q 14 熱帯のチョウがあんなに綺麗なのはなぜ？

南米にはキラキラと輝く青色のチョウが生息しています。茶色と緑色の多いジャングルでは、青いきらめきを放ちながら飛翔する姿は大変美しく、文字通り飛ぶ宝石のようです。モルフォチョウ（図14―1）と呼ばれるそのチョウは、驚くほど巧妙な発色の仕組みを持っています。

チョウの翅《はね》には、鱗粉と呼ばれる小さな板がびっしりと並んで色がついています。チョウを捕まえたときに指につく粉が鱗粉で、一枚の大きさは一〇分の一㎜くらいです（図14―2(a)）。モルフォチョウの翅が数㎝だとすると、およそ一〇万枚もの青い鱗粉が翅を飾っているのです。さらにその一枚一枚の表面は、とても複雑な構造でできています（図14―2(b)）。この構造は電子顕微鏡を使わなければ見ることのできないほど小さな構造で、これこそが青色をつくり出す源なのです。

図14―1　モルフォチョウ

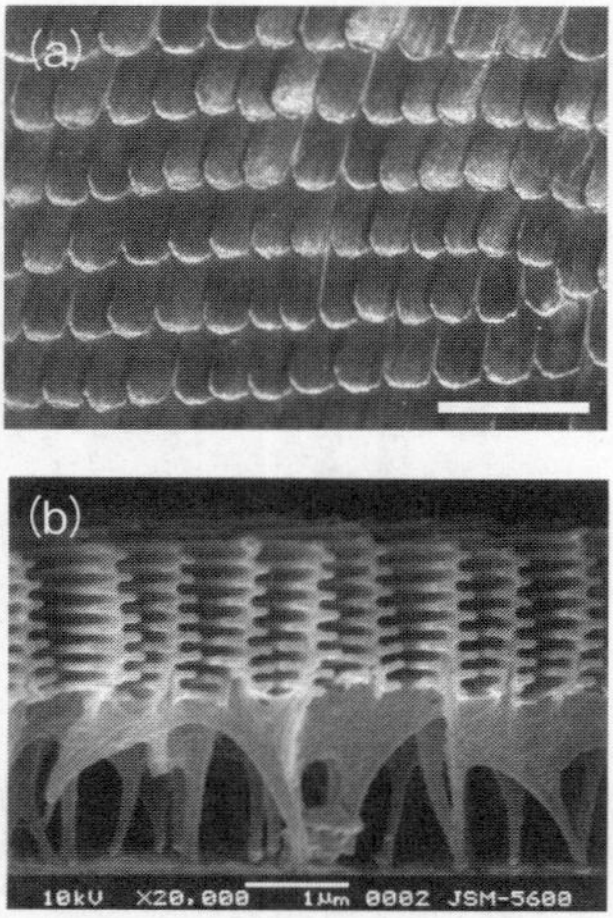

図14－2　(a)　モルフォチョウの翅の鱗粉配列。白線：300μm (b) 鱗粉断面の電子顕微鏡写真

そもそも色はどのようにして生み出されるのでしょうか。着色には多くの物理化学的な仕組みがありますが、大きくは二つに分類できます。一つは色素による色で、光の吸収によって着色する方法です。色素分子は特定の波長の光を吸収する性質をもつため、吸収されなかった光が反射によって観察者の眼に届くと吸収された光の色の補色が見えるのです。たとえば赤いリンゴには赤色以外の光を吸収する色素が含まれています。そのため吸収されない赤色が見えているのです。

もう一つは構造色と呼ばれ、微細な構造が特定の波長の光を強く反射することで着色します。構造色の身近な例には、シャボン玉やコンパクトディスク（CD）があります。シャボン玉の石鹼膜は、それ自体は透明で色はついていませんが、膜が薄くなることで色がつきます。CD表面の虹色は、音楽情報を記録したトラックと呼ばれる筋が一定の間隔で並んでいることによるものです。構造の大きさ（膜の厚さや筋の間隔）が光の波長（二〇〇〇分の一㎜）くらいに小さくなることで、干渉や回折といった光学現象が起きることが、構造色が生まれる理由です。材質そのものの色ではなく、物体の形状によって発色するのが構造色の特徴です。モルフォチョウの鱗粉の構造は、シャボン玉やＣＤのような単純なものではありませんが、詳しく観察すると青色の波長（約四八〇nm）に対応する長さをもつ構造が含まれています（図14―2(b)）。そのため、青い光を高い効率で反射し、宝石のような輝きを生み出しているのです。

構造色を利用する生物は熱帯地方にだけ生息しているわけではありません。日本国内でもタマムシや国蝶であるオオムラサキは構造色をもつ昆虫の代表です。その他にも、クジャクやキジといった鳥の仲間、ルリスズメダイやネオンテトラなどの魚類など、多岐にわたる種類の生物が鮮やかな色をもち、それらはすべて表面付近にある微細な構造によるものです。

構造色はその鮮やかさと玉虫色と呼ばれる色変化など、視覚的に際立った特徴をもつため、塗装や化粧品といった商品への応用が試みられています。さらに、光の流れを制御し、光集積回路を実現するための光学材料にも構造色は使われています。フォトニック結晶と呼ばれるその材料は、実は鮮やかな色の昆虫に見られる構造と同じ構造を利用しています。美しいチョウの表面構造をヒントにして、今後も新しい科学分野が生まれてくるでしょう。（吉岡伸也）

Q 15 目立つ昆虫、目立たない昆虫はどこがちがう？

生物は、「食う・食われる」という弱肉強食、食物連鎖の中で生きています。そのため、雌雄の共同作業によって次世代を残して死ぬという方法で、種をリニューアルし続けています。この「食う・食われる」という関係と、「雌雄」の関係が、生物が「目立つ、目立たない」の違いを生み出しているおおもとの要因です。

生物は、餌を食べたいけれど、自分は餌になりたくない。餌になりたくなかったら環境にとけこんで目立たない方がいい。でも子孫を残すためには目立って、同種の仲間に見つけてもらわなくてはなりません。生き残るためには、目立たなくてはならないし、目立ってはいけないしという二律背反する環境で生物は進化してきたのです。

昆虫は、すべての生物の中でもっとも種の数が多く、記載種の半分を占めています。硬い外骨格をもっているものが多く、コノハチョウやハナカマキリのように外骨格の形も色も環境にぴったりと合わせてしまっているものもいます。コノハチョウは枯れ葉に、ナナフシは木の枝に似せて、自分の姿を背景にとけこませて天敵から身をまもっています。ハナカマキリは同じように背景の花に自分の姿をとけこませるようにしていますが、これは獲物を獲るためにそうしているのです。背景にとけこむとはいえ、その目的は異なっています。

より仲間に目立つようにしている昆虫の例をあげましょう。モンシロチョウはヒトにとっては雄も雌も同じように白い翅《はね》をもっているように見えますが、雌と雄はお互い全く異なった色に見えているのです。雄の翅は紫外線を反射できないのですが、雌の翅は紫外線を反射します。つまり、モンシロチョウは紫外線を識別できるのです。

タマムシも仲間同士で目立つ色をしています（図15―1）。タマムシの鞘翅《しょうし》の一番外側に表角皮と呼ばれるクチクラの構造があります。ここが多層膜構造をしているため、光を強く反射するのです。タマムシは緑色の木の葉の多いところに棲んでいますが、鞘翅が葉よりも強く緑色を反射するため、仲間同士で見つけ合うこ

図15－1　タマムシの鞘翅は、生活しているエノキの葉と同じ緑色をしているが、反射率は翅の方が葉に比べて20倍ぐらい高い。この翅は仲間を呼ぶ目立つ信号になっている

とができるのです。

「私は怖い生き物です」という目立ち方をすることで「食われない」ようにしている昆虫もいます。怖いから近づかないでくださいね、という意味を込めて、警戒色といいます。ハチにそっくりな模様のカマキリやアブなどがいたり、別の種なのに毒をもっている種と同じ翅の色のパターンになっているチョウの仲間もいます。

これらの生命維持に役立つ、目立ったり目立たなかったりする表面の仕組みは、四億年の歴史を誇る昆虫で、とてもよく調べられています。昆虫の表面は、炭素と酸素と水素と窒素などの同じ材料だけを用いて、ほんの少しだけ設計図を改変し、色に関しても多様性をもたせているのです。命を賭して多様な仕組みを作り上げてきた昆虫に学ぶことはたくさんありそうですね。

(針山孝彦)

Q16 サメ肌の水着はなぜ速い？

ザラザラした感触をたとえて、「サメ肌」といいます。このサメ肌特有のザラザラ感は、楯鱗《じゅんりん》という小さな鱗片が密に集まった構造に由来します。サメが泳ぐ速度には、この楯鱗の形や大きさが密接に関わっています。たとえば、海底でゆっくり泳ぐサメの多くは、ゴツゴツしたコブ状や、突起のついた針状の楯鱗を身に纏《まと》っています。ワサビおろし器や日本刀の柄などの装飾品に使われるサメ肌のカスザメはこの仲間です。一方、もっとも速く泳ぐことができるサメは、ホオジロザメと同じネズミザメ科に属するアオザメといわれていますが、その瞬間速度は約三五km／時にもなります。これは、魚類の中でトップレベルです。実は、アオザメのように高速泳法が得意なサメは、楯鱗にすごい秘密があります。

図16―1はカマストガリザメの楯鱗を走査型電子顕微鏡で観察した写真です。体の部位によって形状は異なりますが、三五～一〇〇㎛と髪の毛の太さほどの溝が掘られた楯鱗が、頭の方から尾に向かってぎっしりと敷き詰められています。このような縦溝構造のことを、リブレット（少肋骨、小骨）といいます。サメが海水中を泳ぐ際、楯鱗の周りには小さな渦がたくさん発生しま

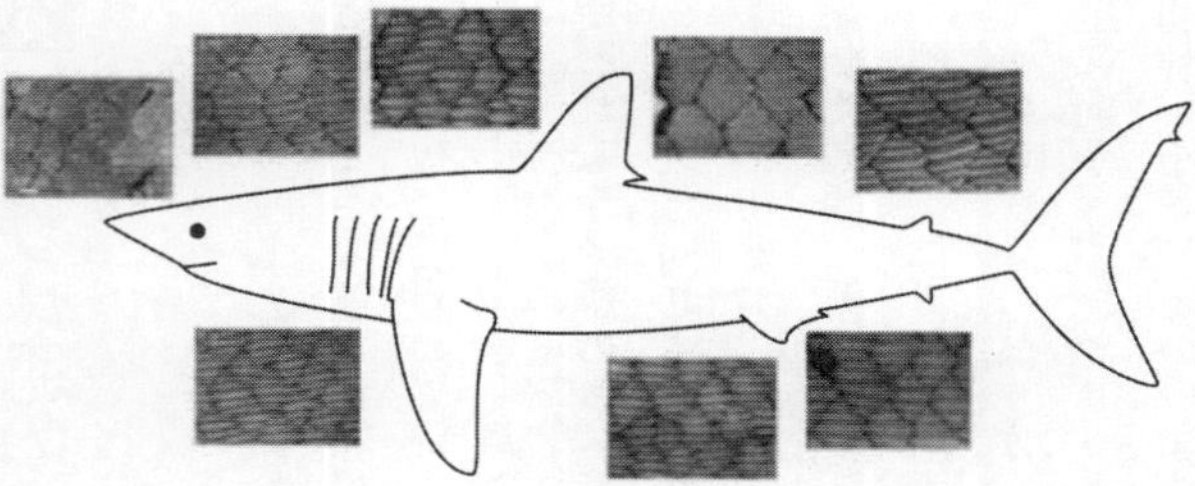

図16－1　サメの楯鱗（リブレット）の走査型電子顕微鏡写真
（Journal of Morphology, 273, 1096 (2012) を改変して掲載）

す。この渦が周りの水との抵抗を軽減することで、最大八％程度の摩擦抵抗が減少するといわれています。さらに最近の研究では、サメが高速で泳ぐ際、楯鱗を逆立てて水の摩擦抵抗を自在にコントロールしていることもわかってきました。楯鱗はしなやかな髄を通じて皮膚にゆるく埋め込まれています。そのため、表皮の周りの水流が剝離して渦を巻いた乱流になろうとすると、サメが意図しなくても自発的に楯鱗が逆立つことで、水流の乱れが抑えられ（整流効果）、水からの抵抗を大幅に減らしているのです。

サメ肌が持つリブレット構造に水の抵抗を低減する作用があることは、古くから知られていました。一九七〇年代には、NASAの研究チームがリブレットを模して作った微小突起付きフィルムに摩擦低減効果があることを報告しています。さらに、一九八三年、アメリカスカップという世界的なヨットレースでは、3M社がビニールシートの上に縦溝構造を形成したリブレットフィルムを開発し、それをアメリカチームのヨットに用いました。その結果、大幅に乱流摩擦抵抗が軽減され、アメリカチームを優勝に導きました。ちなみに、現在のヨットレースでは、リブレットフィルムの使用は禁止されています。さらに二〇〇〇年、シドニーオリンピック・競泳では、サメ肌水着が一大旋風を巻き起こしました。サメ肌水着とは生地に小さな溝を織り込み、さらにそこに鱗の形状で撥水加工したものです。「サメ肌水着」の効果は絶大で、メダルを獲得した選手のうちの約七割がこの水着を着用していました。一方、リブレットの摩擦低減効果は水に限ったわけではありません。たとえば、ルフトハンザ航空では、リブレットフィルムを尾翼に貼り、空気抵抗の削減効果を検証しています。（内藤昌信）

コラム

【ノーベル賞：クリントン・デビッソン——結晶による電子線回折現象の発見（一九三七年）】

アメリカのデビッソンは、電子が波としても振る舞うことを初めて実証し、量子力学の根本原理である「粒子・波動の二重性」を証明したことにより、一九三七年ノーベル物理学賞を受賞しました。一八八一年生まれのデビッソン（写真右）は一九一一年にプリンストン大学で博士号を取得し、カーネギー工科大学の教職を経て、一九一七年ウェスタン・エレクトリック社（後のベル研究所）に転職します。そこで電子線を用いた固体表面の研究に従事します。当初（一九二〇年頃）の目的は、極微小な電子の散乱を使うことで、極めて平坦な金属表面のわずかな粗さを検知する、というものでした。しかし研究を続けるうち、散乱の強度に特徴的な角度分布が現れる

AIP Emilio Segrè Visual Archives

ことが分かってきました。電子線の回折強度の分布を図に示します。理由はしばらく謎でしたが、電子線や試料、検出器などの実験環境を工夫した結果、電子の挙動がフランスのド・ブロイが一九二四年に提唱した「物質波」の干渉効果によって説明できることが一九二七年に証明されます。それまで粒子と思われていた電子が、「波」としても振る舞うという驚くべき事実でした。この二重性は、物理学に革命を起こす量子論の根本原理で、この発見によって量子論は大きく前進します。この実験法は今では、固体表面の微細構造を調べるＬＥＥＤ（低速電子回折）という確立した観察法として役立っています。実験の主導はデビッソンだったた

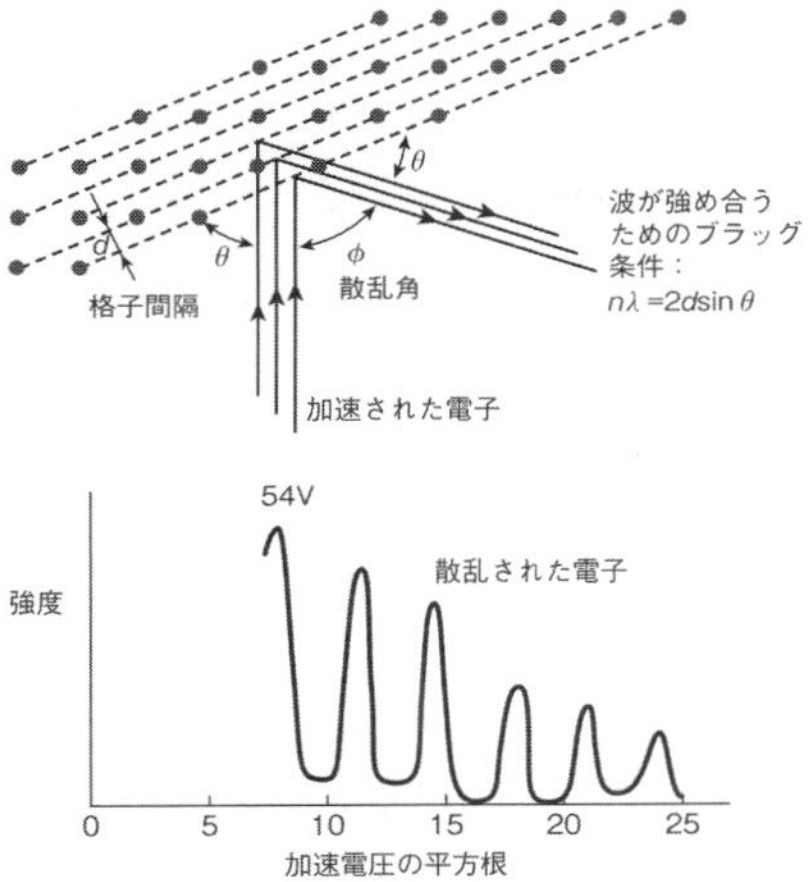

図　結晶に入射した電子線が波として振る舞う結果、生じる回折強度分布

め、写真で隣にいるジャーマーは残念ながらノーベル賞の選に漏れてしまいましたが、この測定は「デビッソン・ジャーマーの実験」として数多くの教科書に載っています。

また電子の波動性を独立に証明してデビッソンとノーベル賞を共同受賞したG・P・トムソンは、粒子としての電子を発見した大科学者J・J・トムソン（一九〇六年ノーベル賞受賞）の息子です。親子で電子の相反する性質を証明したとは、何とも因果な巡り合わせです。（齋藤彰）

図 17 －１　アコヤガイ（左上）と電子顕微鏡写真（左下）およびコシダカガンガラ（右上下）

Q 17 真珠はどうしてさまざまな色に輝く？

ネックレスや指輪に使われている真珠が、貝殻と同じ炭酸カルシウムでできていることを知っていますか。真珠の多くは、アコヤガイの体内で作られ、炭酸カルシウムの結晶層が何枚も重なった真珠層でできています。この結晶層は、タンパク質を主とする有機膜の層によって互いに接着されています。貝殻の真珠層の断面を電子顕微鏡で見ると、ちょうどレンガを重ねたようになっていることがわかります（図17―1）。

結晶層は厚さ約〇・四㎛、有機膜の層は約〇・〇二㎛あります。真珠に光が当たると、この何千枚にも積み重なった真珠層の内部で光が反射する「多層膜干渉」が起こります。層の厚さの組み合わせや、枚数の組み

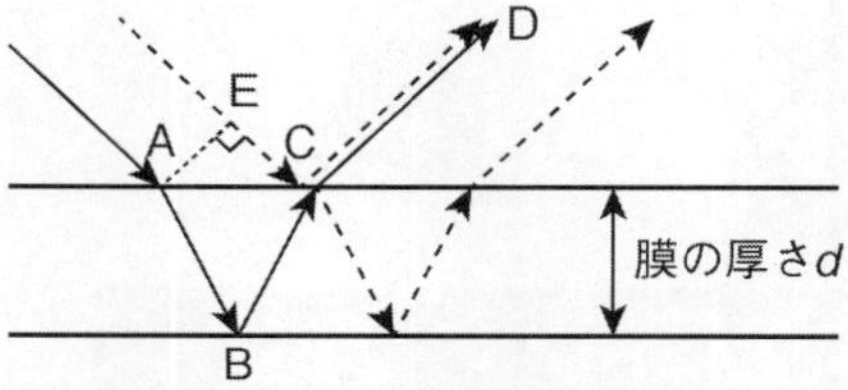

図17－2　膜（あるいは層）がある時の反射の模式図

合わせによって干渉の仕方が変わり、さまざまな色彩が作られます。その結果、真珠特有のやわらかな光が生まれるのです。

真珠にはさまざまな色があります。真珠貝の種類によってできる真珠の色は異なり、たとえばアコヤガイでは、大きく分けてピンク、シルバー、ゴールド、ブルーの四色があります。これは、真珠層のどこかの部分に色がついているためではなく、反射した光の作用によるものです。透明なシャボン玉が、シャボン玉壁のほんのちょっとした厚みや見る角度によって、虹色に見えたり見えなかったりするのと同じです。もちろん、光を反射させる材質によっても屈折率（それぞれの材質の中の光の進む速度で決まる）が違うので、同じ厚さでも材質が違えば色の現れ方が変わってきます。

単純な反射干渉の例を図17—2で説明します。外から入る光はまず、膜の層（たとえば真珠層）の上面で反射します（図中破線）。また、屈折して層に進入し、層の底面で反射する光もあります（実線）。上面で反射した光と底面で反射した光は、C以降は重ね合わされ、ここで光の干渉が起きます。二つの経路を通った光の光路差、つまり実線のＡＢＣと破線のＥＣの差が、波長の整数倍になっている時は、その波長の光が強められて色が明るく見えますが、ちょうど半波長分ずれていれば暗くなります。実際には、屈折率の高い層の中で波長が短くなる効果や、層の下にある材質によってＢで反射した時に位相が飛ぶ（固定端反射）効果などが入る場合もあります。

炭酸カルシウムの結晶が規則正しく、きれいに積み重なっていると（dがどの場所でも均一）、多層膜干渉が強く起きて、白っぽくツヤツヤにみえます。最近は、アコヤガイ以外の貝の真珠も普及しています。結晶層の間の有機膜の層に色が含まれ、その色が強く見えることもあります。クロチョウガイの真珠が黒くみえるのはこのためです。（板倉明子）

Q 18 ヤモリの足裏をヒントにした粘着テープ？

窓や壁を自由自在に移動するヤモリ。彼らの足には接着剤や吸盤のようなものはありません。ヤモリが、なぜ垂直な壁にくっついていられるのか？　二〇〇〇年に、アメリカの研究者、ケラー・オータム博士によってその秘密がはじめて明らかにされました。

ヤモリの足の裏をよく見ると細い毛がびっしり生えています。その数は一本の足で五〇万本。その毛の一本一本がさらに一〇〇本から一〇〇〇本に枝分かれした密な構造をしています（図18—1）。

じつはヤモリの足裏が壁にくっつくのは、ヤモリの毛と壁の間に分子間力という弱い引力相互作用が働くからです。この相互作用を起こすためには〇・三〜〇・五nm以下という極めて小さい距離まで近づかなければなりません。これは、髪の毛の太さの一〇万分の一以下という距離です。しかし、平滑に見える壁の表面も、分子レベルで見ると凹凸があるために、壁にピッタリとくっつくためには何らかの工夫が必要となります。セロハンテープなどの粘着剤は軟らかい樹脂を使い、「濡れ」という力を利用して表面の凹凸を埋めることで貼りつきます。一方ヤモリは、細い

図18－1　ヤモリの足裏構造（左）、ヤモリの吊り下げ（右）

毛という構造を利用して表面の凹凸を埋めています。毛一本と壁とが引き合う力は非常に小さいのですが、ヤモリの足裏には五〇万本も毛があるため、その合計で大きな力を生み出しています。

ヤモリの足裏を応用して、粘着剤を使わないテープができるのではないか、という発想からさまざまな実験が行われています。二〇一〇年ノーベル物理学賞を受賞したA・ガイム博士もその一人です。ヤモリの足裏から直接抜いた毛を使ったり、樹脂で細い毛を作ったり、いろいろな試みがされましたが、ヤモリと同じぐらいの力でくっつけることはできませんでした。そんな中、粘着テープのメーカーがカーボンナノチューブという炭素材料を使って成功させたのです。ナノサイズの細さで、よくたわみ、丈夫で、かつ密集させて作ることができるというカーボンナノチューブの特長を生かしています。このカーボンナノチューブを樹脂シートの上に移植した結果、わずか一㎝角のテープで五〇〇㎖の水が入ったペットボトルを吊り下げられるようになりました（図18―2）。

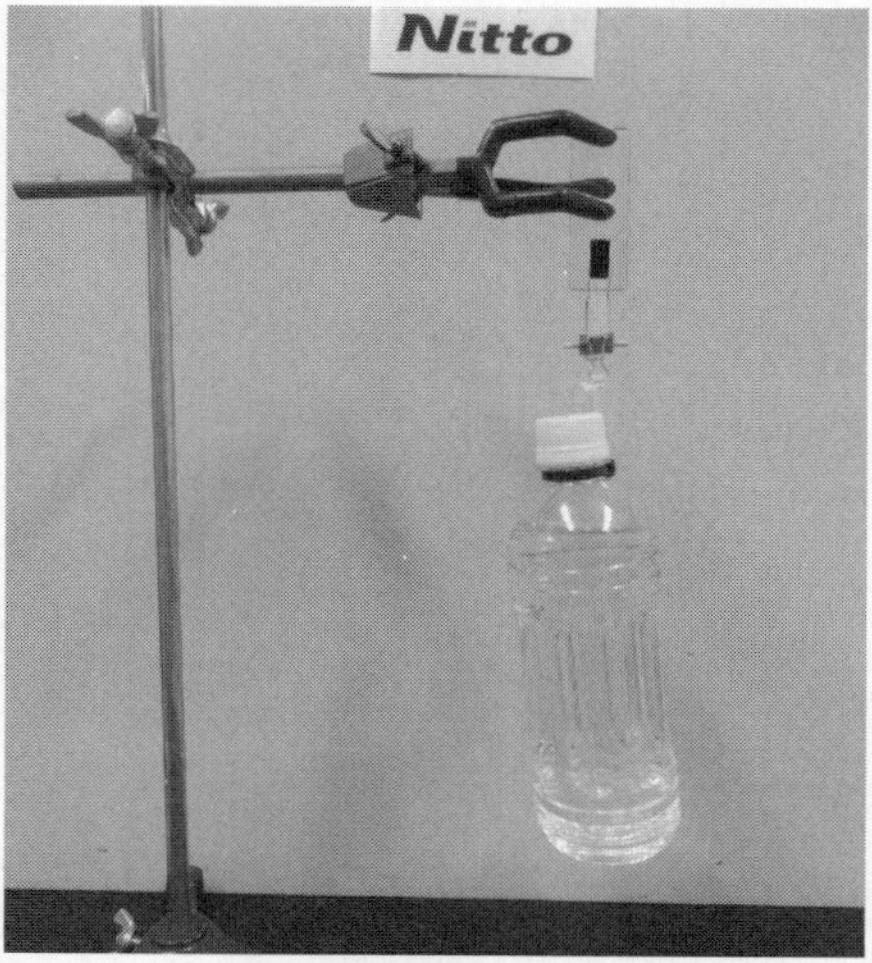

図18－2　ヤモリを模倣したテープを使ったペットボトルの吊り下げ

このように、ヤモリを模倣したテープは、くっつく力がヤモリやセロハンテープに近づいてきたのですが、繰り返し使うと汚れてくっつかなくなってしまうなどの欠点があります。まだまだ課題は多いのですが、危険で人間が出入りできない場所の壁を登る救助ロボット、手術用の傷を貼り合わせるシート、ネジを使わずに小さな精密機械をくっつけるといった目的で開発が続けられています。（前野洋平）

Q 19 蛾に学んだ光の反射を防ぐフィルム

図19－1　蛾の眼の表面構造

携帯電話、スマートフォンやカーナビなど、屋外で用いる電子機器のディスプレイの反射を低減するフィルムとして、モスアイ型反射防止フィルムがあります。大型化する液晶テレビの画質の更なる向上にも貢献すると期待されています。

蛾《が》やチョウは、マイクロメートルサイズの「個眼」が数多く集まった「複眼」をもっています。個眼の数だけ光の取り込み口がふえ、光をより多く眼に集めるためのすぐれた構造です。じつはよく見ると、それぞれの個眼の表面にはわずか数百nmの微小な突起が形成されています。この構造は蛾の眼で初めて観察されたこともあって、モスアイ（蛾の眼）構造と呼ばれています（図19―1）。この構造があることで眼の表面での光の反射が防止され、通常なら表面で反射してしまう

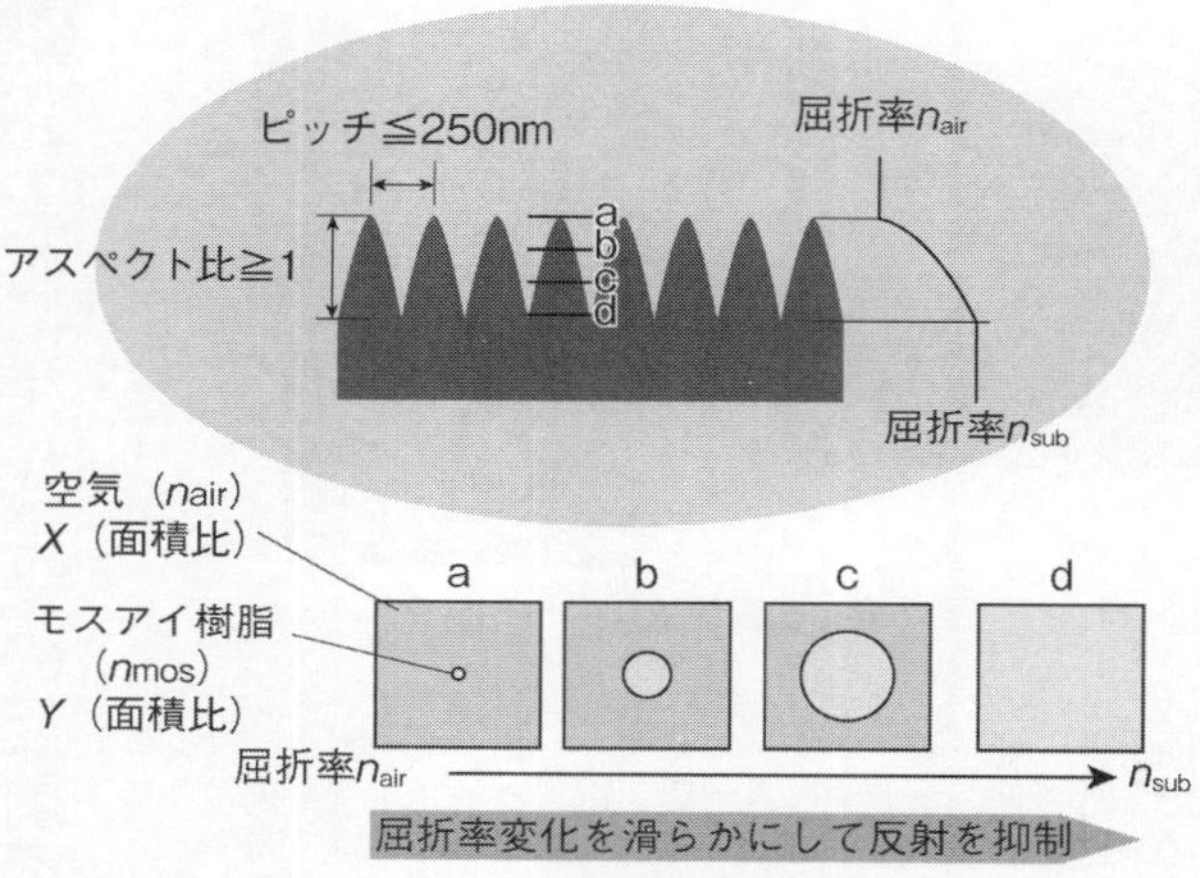

図19－2　モスアイ構造と低反射特性発現のからくり

四％の光さえも内部に取り込むことができます。

モスアイ構造のそれぞれの突起の直径は可視光の波長よりも短く、わずか一〇〇～一三〇nmしかありません。これだけ小さいと、個々の突起を光で感知することはできません。そのため、突起と空気の面積比でほぼ屈折率が決まります。突起の先端では、空気がほぼ全面にあるので屈折率は空気と同じになります。底面では突起を構成する物質で埋め尽くされているのでその物質の屈折率になります（図19－2）。その間は断面積が徐々に変わるため屈折率も徐々に変化します。屈折率が空気と物質との界面で連続的に変化し、光の反射の原因となる屈折率の境界面がないことが、光の反射を防ぐ機能を引き出しています。

このようなモスアイ構造をした樹脂フィルムを前面に貼り付けることによって、屋外の光の当たる場所でもパソコンなどのディスプレイや額装された絵の表面への映り込みがなくなります。以前にも小面積ながらこのような構造を形成する技術はありましたが、近年自己組織化現象のひとつであるアルミニウムの陽極酸化で形成されるポーラスアルミナを利用して、モスアイフィルムを工業的に作る技術が開発されています。ポーラスアルミナは大面積の曲面上へ加工することができるため、継ぎ目のない大型のロール金型の作製が可能となります。その金型を用いることで、連続的なモスアイ型反射防止フィルムの製造が実現しました。

モスアイ構造による反射防止の特性は市販されている反射防止フィルムと異なり、可視光波長全域で反射を抑えられることと深い角度の反射も抑えられるという特徴があります。さらに、モスアイ表面には昆虫が止まれないという特性も確認されており、防虫や農業用途への展開も期待されています。（魚津吉弘）

第3章

人間・健康の表面科学

Q

20

うるおいのある肌の秘密

手触りのよいスベスベしたうるおいのある肌をつくるために、私たちは保湿美容液を使います。じつはうるおいのある肌とは、肌の水分量に関係しているのです。

皮膚は、最外層から表皮、真皮、皮下組織と分類されます（図20―1）。このうち、最表面からわずか二〇μm程度の角質層、顆粒《かりゅう》層、有棘《ゆうきょく》層と呼ばれる細胞群が、肌にうるおいを与える鍵となります。

角質層はバリア層とも呼ばれ、外界からの刺激である紫外線や異物や細菌、ウイルスなどをシャットアウトする機能をもちます。角質層は角質細胞と細胞間脂質（主にセラミド）とから構成されているのですが、水分の八〇％はこのセラミドに蓄えられています。つまり、セラミドなどの細胞間脂質が細胞と細胞をしっかりとつないで、水分を逃がさないようにしているのです。細胞や細胞間脂質に水分を蓄える力がなくなると、水分が皮膚から蒸発し乾燥した状態になります。細胞間脂質の水分量が減少すると、細胞間に隙間ができ、表皮がカサカサとした肌になります。蒸発を防ぐにはその外側の皮脂膜が重要な役割をします。

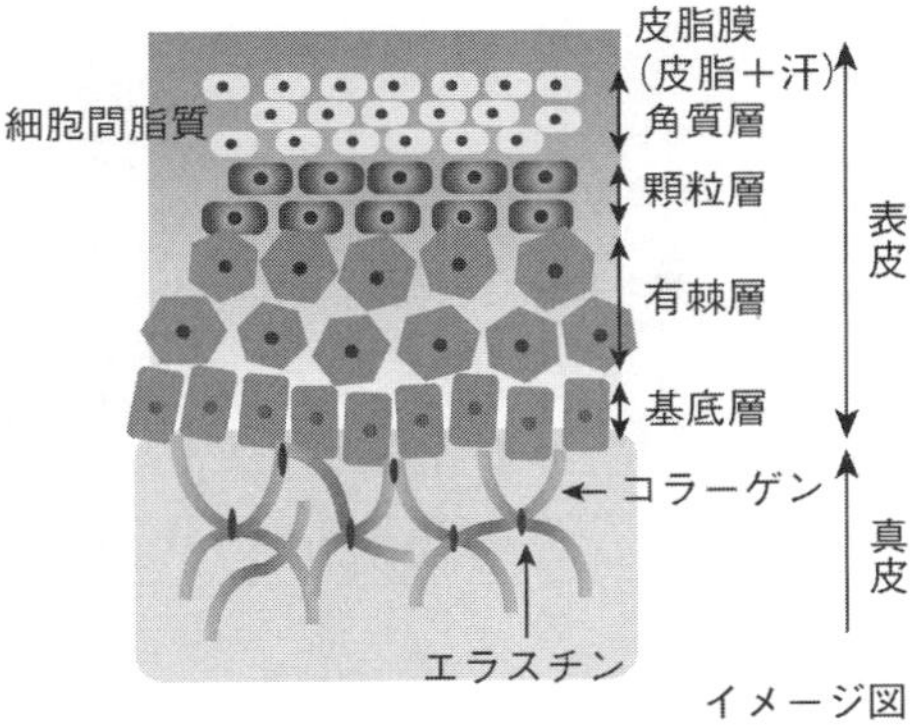

図 20 － 1　皮膚の分類：最外層から表皮、真皮、皮下組織に分かれる

皮脂膜は皮脂腺から分泌される皮脂（油分）と汗腺からでる汗（水分）によって構成された天然のクリームともいえます。皮脂膜がなくなると、水分が蒸発しやすくなるので、細胞間に水分を供給し、さらに皮脂膜からの水分の蒸発を抑えると、保湿つまり水分が十分に満ちた手触りがスベスベの肌になるのです。洗顔でしっかりと古い皮脂膜を取り除き、油分を含む化粧水、乳液、あるいはクリームを十分塗ると、人工の皮脂膜を作ることができます。そうすると油分と水分が満たされたうるおいのある肌を保てることになります。

ちなみに、表皮の下部にある真皮には、コラーゲンやエラスチンといったファイバー状のタンパク質とヒアルロン酸があり、これらによって肌の張りが保たれています。コラーゲンやヒアルロン酸が減少すると皮膚を支える力が弱くなり、張りや弾力が失われ、シワやたるみの原因となります。これもダメージ肌の原因です。エラスチンはスプリングのようにコイル状にコラーゲンに巻き付いて形状を支えています。両者がうまく結びついて弾力が生まれるのです。コラーゲンもエラスチンも年齢とともに減少し、さらに紫外線やストレスにより減少することがわかっています。紫外線対策やストレスを溜め込まないという内面のケアもうるおいのある肌を作る秘訣です。

（高井まどか）

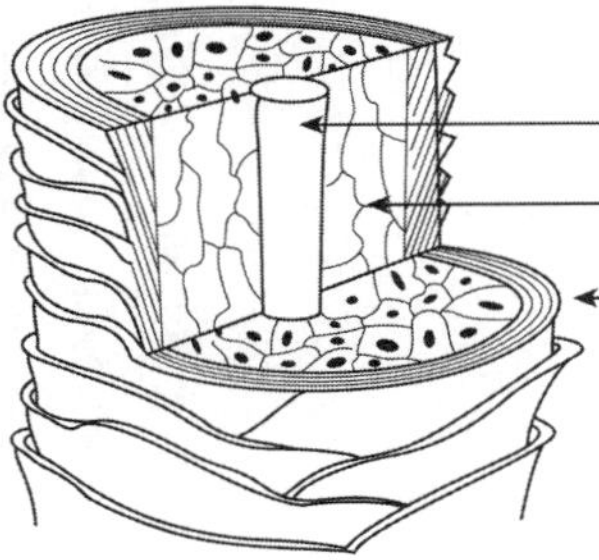

図21－1　髪の毛の構造

Q 21 サラサラ、ツヤツヤ、髪の毛の手触りは何で決まるの？

髪の毛には頭を外部の刺激からまもるという主な役割があります。一方、昔から髪の毛は美の象徴とされ、髪の毛の美しさや手触りを改善するための様々なヘアケア製品が開発されてきました。いったい、髪の毛の手触りは何によって決まるのでしょう？

髪の毛は外側から「キューティクル」「コルテックス」「メデュラ」という三層構造で構成されています（図21―1）。いちばん外側のキューティクルは、半透明の板状の細胞がうろこ状に五～一〇層積み重なって、内部のコルテックスをとりまき保護しています。さらにキューティクルの最表面は、一八－メチルエイコサン酸という脂肪酸がキューティクル細胞表面のタンパク質と化学結合してアルキル基を外側に向けて並んだ膜で覆われています（図21―2）。この膜はF層と呼ばれ、髪の毛を外部刺激から保護しています。また、髪の毛を触った際に生じる髪の毛と髪の毛、髪の毛と指の間の摩擦力は、F層のような脂質膜によって小さくなります。そのため、F層は髪の毛の滑らかな手触りをつくりだしているのです。

しかしながら、ヘアカラーやパーマなどの化学処理、太陽光の紫外線、毎日のシャンプーやスタイリング時の摩擦といった様々な要因によって、F層は徐々に失われてしまいます。F層が髪の毛の表面から失われると、下層のタンパク質がむき出しになり、髪の毛表面の摩擦が大きくなるため、ギシギシとした手触りになります。また、F層が失われることによってキューティクル細胞同士の結びつきも弱くなってしまうため、キューティクルがめくれたり、はがれたりしやすくなります。このような状態になると髪の毛の手触りは、ガサガサしたさらに悪いものになります。髪の毛は、毛根部の基底細胞が角化した死細胞の集まりであるため、一度失われたF層が自己修復されることはありません。

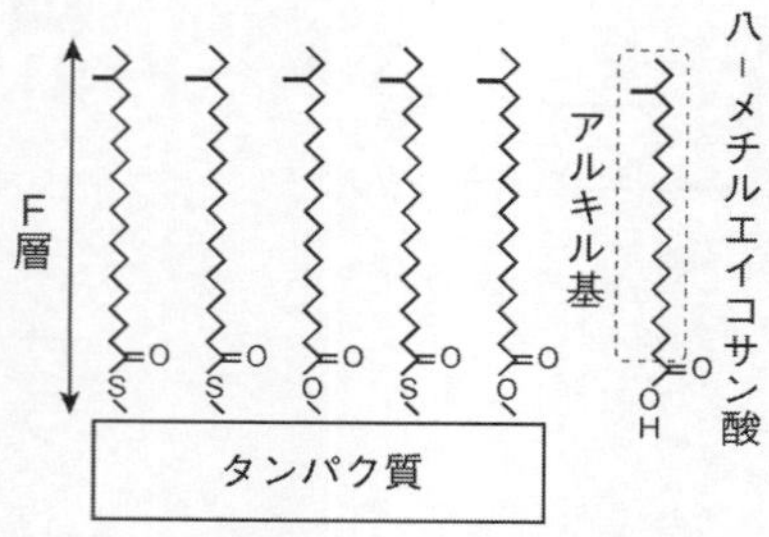

図21－2　髪の毛の最表面の化学構造

そこでリンスやコンディショナーなどのヘアケア製品によって、損傷してしまった髪の毛の表面を修復することが、髪の毛の手触りをよくするために重要になります。ヘアケア製品には様々な成分が配合されていて、そのなかのいくつかの成分は髪の毛の表面に吸着することによって、髪の毛の手触りや美しさを向上させるはたらきをします。多くのリンスに配合されているカチオン界面活性剤という成分は、プラスの電荷をもっています。髪の毛表面のF層が失われてむき出しになったタンパク質のマイナス電荷と静電的に結びつくと、アルキル基を外側に向けて整然と並びます（図21―3）。まるで疑似的にF層のような構造をとることで、髪の毛の表面を修復し、手触りを滑らかにするのです。その他にも、摩擦低減効果の高いシリコン類、すすぎ時の摩擦力を低減することによって髪の毛の傷みを防止するカチオン性高分子、キューティクルの浮き上がりを抑えるタンパク加水分解物といった成分などが、ヘアケア製品に配合されています。（定家恵実）

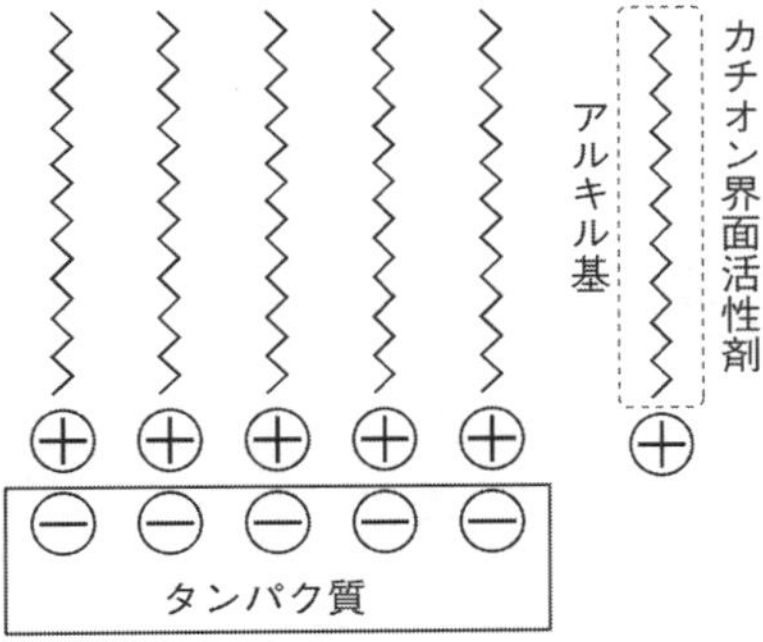

図21－3　毛髪表面へのカチオン界面活性剤の吸着

Q22 汚れにくいコンタクトレンズ

コンタクトレンズを長時間装着すると、レンズが汚れて曇ってきます。これは、コンタクトレンズにタンパク質等の生体成分が付着した結果です。コンタクトレンズは、角膜の上を覆《おお》い、涙液で満たされた状態で装着されています（図22—1）。目の涙の成分は、九割以上が水で、その他にアルブミンやグロブリン、リゾチームといったタンパク質、さらにリン酸塩などが含まれています。現在市販されているコンタクトレンズはタンパク質付着による汚れや、大気中の埃《ほこり》などの汚れを除去するために洗浄が必要です。ソフトコンタクトレンズで使い捨て仕様のものもあります。この使用期間は、汚れが付着することでレンズの透明性が失われると終わりです。コンタクトレンズの汚れを防止し、できるだけ長く使うこと、つまり汚れの原因となるタンパク質の吸着を抑制する方法はないのでしょうか？　コンタクトレンズには、視力矯正と耐久性の点から力学的強度が必要であり、さらに光学的に透明であることが必須です。角膜細胞への十分な酸素供給が必要ですので、酸素透過性という性質も要件となります。汚れを防止する機能も考慮しないといけません。

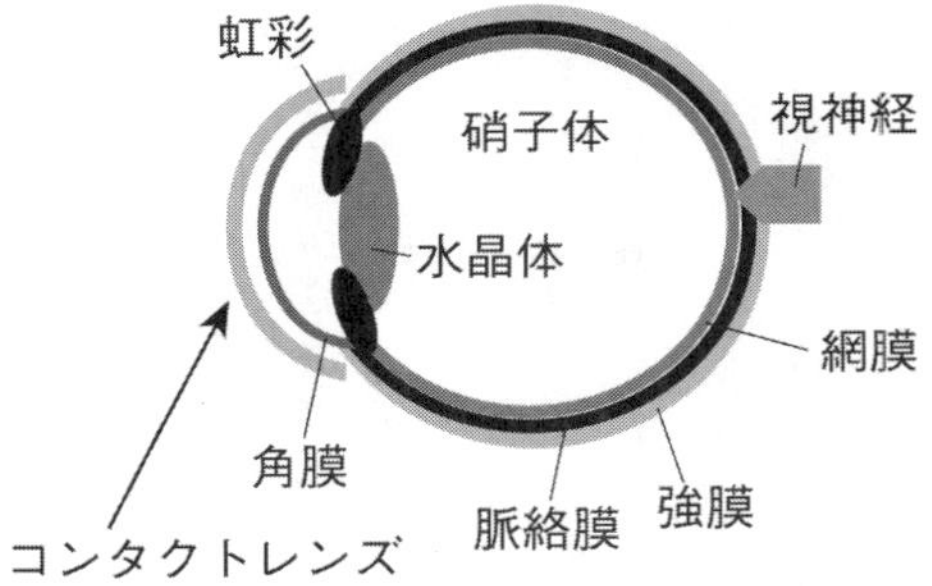

図22－１　コンタクトレンズと眼球の構造模式図

そのため、コンタクトレンズの材料は、高分子材料で作られています。ハードコンタクトレンズは、ポリメチルメタクリレート（ＰＭＭＡ）系の樹脂で硬い性質をもちます。ソフトコンタクトレンズは、ポリヒドロキシエチルメタクリレート（ＰＨＥＭＡ）系の軟らかい樹脂で作られています。ソフトコンタクトレンズの方が軟らかいので装着感に優れます。ここで挙げたような高分子材料は、一般にタンパク質溶液と触れると、溶液中のタンパク質が材料表面に付着します。タンパク質が付着しにくい材料とは、親水性つまり水に対して濡れ性がよく、さらに表面に電荷をもたないことです。このような性質をもつ材料でレンズを作れば、タンパク質の吸着を防止でき、汚れが付着しにくくなります。ちなみに、ＰＨＥＭＡは水を四〇％程度含む高分子で、汚れにくい材料と言えます。（高井まどか）

Q23 人工関節をスムーズに動かすしくみって何?

人工関節とは、変形性関節症や関節リウマチなどの疾患により、自由に動かなくなった関節を人工の材料で代用するためのものです。代表的な人工関節として、人工股関節と人工膝関節があります。痛みが生じているときは、この痛みを軽減するために置換手術を行うこともあります。

人工関節をスムーズに動かすしくみを考える前に、股関節の構造をみてみます。股関節内の二つの骨の表面には、軟骨という厚さ二〜七mmの水分の多い骨があり、クッションの役割をしています。さらに股関節は関節包という袋に包まれ、その中は関節液と呼ばれる液体で満たされています。関節液は、関節を滑らかに動かす潤滑油の役割があります。この股関節内の軟骨が老化などの原因により磨《す》り減り変形して、痛みや機能障害が引き起こされるのが、変形性関節症です。また、関節包の内側で関節液を分泌している滑膜《かつまく》という組織が何らかの原因で異常に増殖し、関節内の軟骨や骨が破壊されていくという病気が、関節リウマチです。症状が悪化してしまうと人工関節で置換をすることになります。この置換手術は世界中で一年間に一〇〇万例以上行われています。

ではスムーズに動かす摺動《しゅうどう》部は、どのような構造になっているのでしょうか?

人工関節は、主に金属やセラミックス、高分子（高強度ポリエチレン）などでできています。

金属やセラミックスは、骨を代替し、骨と骨の摺動部位である軟骨はポリエチレンで代替します。

人工関節では、図23―1のようにポリエチレンのライナーが金属（カップ）またはセラミックス（ボール）と接触しています。体内で利用するため接触部分には水が存在しています。長期間、金属とポリエチレンを擦《こす》り合わせると、強度の高いポリエチレンを使っていても、金属に比べて軟らかいポリエチレンが摩耗します。生体内で生成した摩耗粉は、異物と認識され細胞がこの異物を排除しようとします。この際、骨を破壊する性質をもつ破骨細胞が活性化され、正常な骨を壊してしまうことになります。正常な骨が削られ痛みを伴うので、再置換が必要となります。正常な骨を壊すのを防ぐためには、人工関節の摩擦を低減させることが必要です。

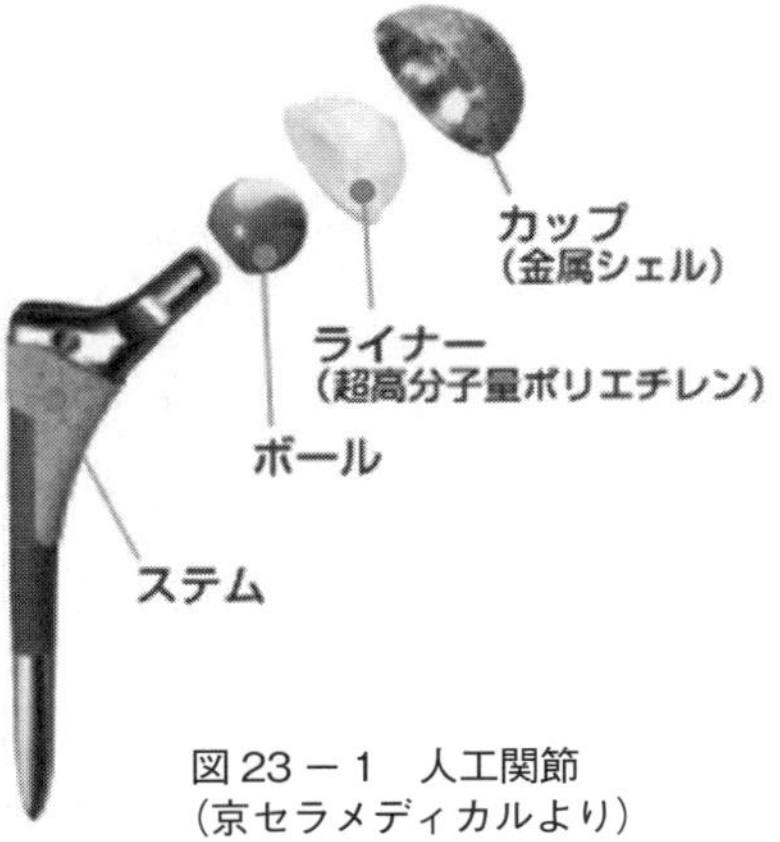

図23－1　人工関節
（京セラメディカルより）

異種界面に水が常に存在できるような保湿能に優れた材料により摩擦を低減できれば、人工関節はスムーズに動くようになります。摩耗粉がでなければ、破骨細胞の活性化も抑えられ正常な細胞が壊されることもなくなり、再置換のリスクも低減します。ちなみに、股関節には、普通に歩くだけでも体重の三〜四倍の力がかかるといわれています。この力を支えられるよう、股関節は筋肉や腱などで全体が覆《おお》われています。関節への負担をかけないように、日頃からまわりの筋肉を鍛えておくことが大切です。（高井まどか）

Q 24
体の中にもシャボン玉のような膜があるの？

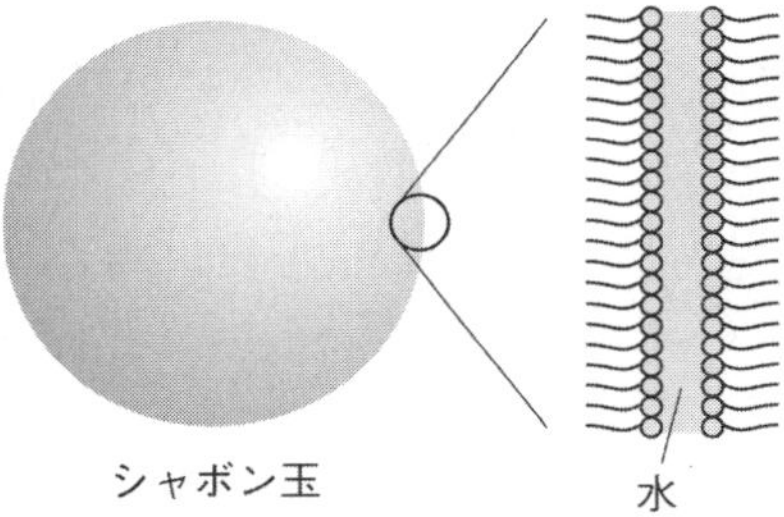

図 24－1　シャボン玉の模式図

ストローの先に洗剤の液をつけて反対側から空気を送ると、シャボン玉ができますね。シャボン玉ができるのは、洗剤の分子がきれいに並ぶ性質をもっているからです。分子の世界で見ると、シャボン玉は、図24―1のようなとてもきれいな構造をしています。

シャボン玉は二層の洗剤分子の間に薄い水の層が挟まれてできています。洗剤分子は、親水基と呼ばれる水に溶けやすい部分を水の層の側に向け、疎水基（油に溶けやすく水には溶けにくい部分）を空気の側に向けています。間に挟まれた水の層の厚さが可視光線の波長程度の時は、反射してきた光が波長によって強めあったり弱めあったりして、シャボン玉は様々な色合いに見えます。しかし、はじめは虹色に見えたシャボン玉も時間

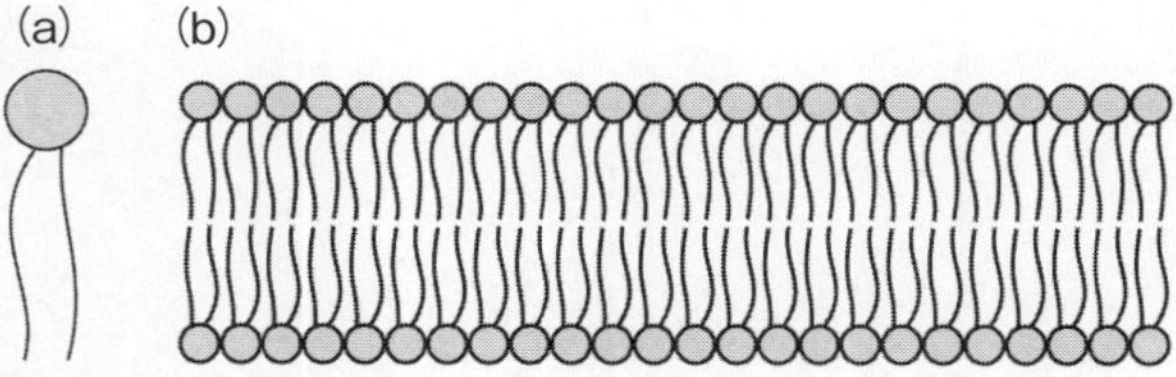

図24－2　(a) 脂質分子と (b) 脂質二分子膜

が経つと色が消えてしまいます。これは、間に挟まれた水が下に流れ、水の層の厚さが可視光線の波長よりも短くなってしまうからです。

私たちの体の中にも、シャボン玉にとてもよく似た構造をもつものがあります。それは細胞です。私たちの体はたくさんの細胞が詰まってできていますが、その細胞を取り囲むように包んでいる膜、そう細胞膜こそが、実はシャボン玉にとてもよく似た構造をしているのです。

シャボン玉の洗剤分子のかわりに、細胞膜では脂質と呼ばれる分子が並んでいます。リン脂質もまた両親媒性物質で、洗剤分子にとてもよく似た構造をしています。違う点は、疎水基の足のような部分が、洗剤分子は一本であるのに対し、脂質には二本ある点です。そのために、脂質分子は、親水性の部分を丸く囲み、そこから二本の疎水性の足がでているような、漫画の火星人のような格好をしています（図24―2(a)）。この火星人を水中に置くとどうなるでしょうか？　親水性の頭の部分を水側（外側）に向けて、疎水性の足の部分をお互いに向かい合わせるように並びます（図24―2(b)）。この構造が脂質にとって、もっとも安定な構造だからです。この構造は、脂質二分子膜あるいは脂質二重層と呼ばれ、細胞膜の基本構造となっています。シャボン玉では脂質分子の親水性の頭が水を挟んで向かい合っていますが、脂質二分子膜では、疎水性の足が向かい合っています。この脂質二分子膜は、二つの分子の厚さしかないとても薄い膜ですが、イオンを全く通さない性質があり、細胞の中のイオンが漏れだしたりしないように、細胞を守っているのです。（平野愛弓）

Q 25

脳の中の表面？

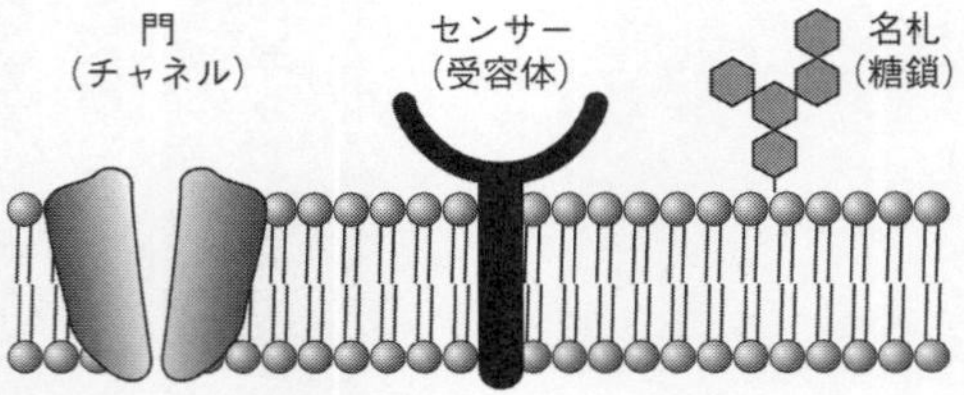

図25－1　細胞膜表面

人間の体は、約六〇兆個の細胞からできています。体の中の器官は人が生きていくためにそれぞれの役割を果たしており、その機能を発揮するための最小単位が細胞です。たとえば筋肉や神経のように集合して組織を作って働く細胞、赤血球や白血球のように単独で働く細胞などさまざまですが、どの細胞の表面にも、自分を示す「名札」、周囲の環境を察知するための「センサー」、自分の役割を果たすために物や信号を出し入れするための「門」が備わっています（図25－1）。

細胞の表面は細胞膜という厚さ五nmほどの薄い膜で覆われています。細胞膜は脂質の二分子膜（第3章Q24参照）を基本構造として、その膜の内部や表面にはさまざまな種類のタンパク質や糖鎖が存在しています。糖鎖はブドウ糖などのいろいろな種類の「糖」が繋がってできた分子で、名札としての役目を持っています。たとえばＡＢＯ式の血液型は、赤血球の表面に付着している糖鎖の違いによって決まります。もし正しい名札を付けていない細胞や物質が体内に入り込むと、白血球などの細胞表面のタンパク質がセンサーとなって検出し、破壊したり排除したりし始めます。異なる型の血液を輸血できないのはこのためです。

この細胞表面の名札は、病気の感染にも関わっています。ウイルスはこの名札、つまり糖鎖の違いを認識しています。生物の種類、たとえばヒト、トリとブタでは細胞表面が持っている糖鎖が異なるため、通常は鳥インフルエンザや豚インフルエンザのウイルスは人間には感染しません。突然変異によって異物とは認識されないウイルスが現れると、この新しいウイルスはこれまでにない強力な毒性を持つ可能性があるため、感染が広がらないよう警戒しなければいけません。

神経細胞は複数の細胞が集まることで、たとえば指先の感覚を脳に伝えるように遠くまで信号を伝達したり、また、脳の中で複雑な情報処理を行って指令を出したりしています。神経細胞は図25―2のような形をしています。本体である細胞体から樹状突起と軸索が伸び、樹状突起が信号の受信、軸索が信号の送信と、役割を分担しています。樹状突起と軸索はそれぞれ自分の名札と相手の名札を見つけるセンサーをもち、ある細胞の軸索は別の細胞の樹状突起の部分へ繋がります。

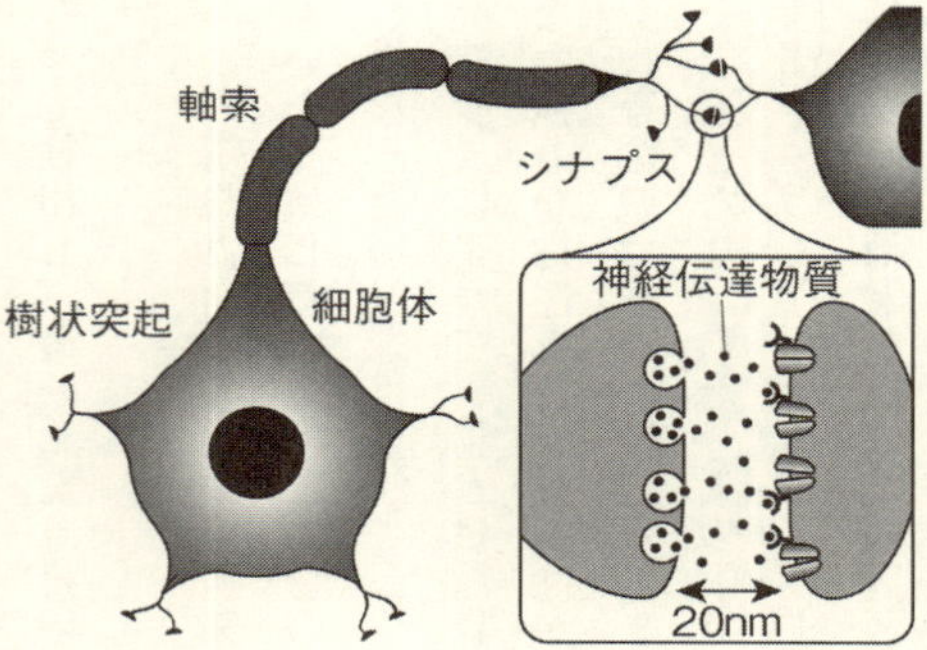

図25－2　神経細胞とシナプス

軸索と樹状突起が繋がった部分、神経細胞同士の接続箇所のことをシナプスと呼びます。接続部分は約二〇nm（五万分の一㎜）のすき間があります。神経信号を伝えるときには軸索の末端の門が開いて、グルタミン酸やドーパミンといった神経伝達物質を放出します。樹状突起側のセンサーがこの物質を受け取って、カリウムイオンやカルシウムイオンを通す門を開くことで、神経信号が届いたことを細胞内部に伝えます。

人の脳の中にある神経細胞の数は約一〇〇〇億個、一つの神経細胞は数千個の神経細胞とシナプスを形成しているので、その総数は数百兆個に達します。細胞表面を通した細胞同士の信号伝達を使ったネットワークをこれだけ密に築くことによって、人は会話や意思の疎通をすることができ、全く新しいアイディアや作品を生み出しているのです。（手老龍吾）

Q 26 薬のナノ宅配便の正体は何？

病院で処方された薬を飲んだとき、薬はどのように体内で作用しているのでしょうか？　薬は通常、食道と胃を通過して小腸で吸収されて血液に入ります。血液にのって全身を巡り、薬が効いてほしい組織に入り、ターゲットとなる細胞に到達することで、はじめて薬の効果が現れます。意外と薬は長い旅をしているのです。この旅の間に、薬が分解されやすいと目標に到達せず、腸での吸収が悪いと効き目が悪くなります。薬の効き目を持続させたり、吸収をよくして、薬の効果を高める仕組みが必要となります。そのような仕組みをドラッグデリバリーシステムと呼びます。

ドラッグデリバリーシステムには、大きくわけて四つの目的があります。一番目の目的は、薬をゆっくり溶け出させて、血液中の薬の濃度を一定に保つようにすることです。これを薬の徐放化といい、これにより薬の服用回数を減らすことができます。二番目の目的は、薬の水溶性化です。多くの薬物は水に溶けません。しかし、人間の体の七〇％は水でできているので、水に溶けない薬は効かないことになります。そこで、界面活性剤などを利用して水に溶けない薬を水に溶けるようにする工夫が施されています（第1章Q3参照）。第三の目的は薬の吸収促進です。小腸にはバリア機能があり、そのままでは体内に吸収されない薬がたくさんあります。そのような薬を腸吸収性の高い物質と組み合わせたり、薬自体の構造を少し変えることによって、薬の吸収率を向上させます。第四の目的は、薬を標的細胞にのみ届けることです。ターゲッティング、あるいは標的指向化と呼ばれています。特に強い薬の場合、標的でない細胞に作用すると副作用を引き起こします。そこで、薬を目的の標的細胞にのみ届ける仕組みが必要となります。

標的指向化においてもっとも盛んに研究が行われているのが抗ガン剤です。抗ガン剤はガン細胞を殺す強い薬なので、正常な細胞に作用してしまうと、吐き気や脱毛といった強い副作用を引き起こします。そこで、ガン細胞だけに薬を届ける仕組みが必要となります。ここで用いられているのがナノサイズの微粒子です。ガン組織では、正常組織に比べて血管壁に隙間ができやすく、一〇〇nmくらいまでのナノサイズの物質が漏れやすく

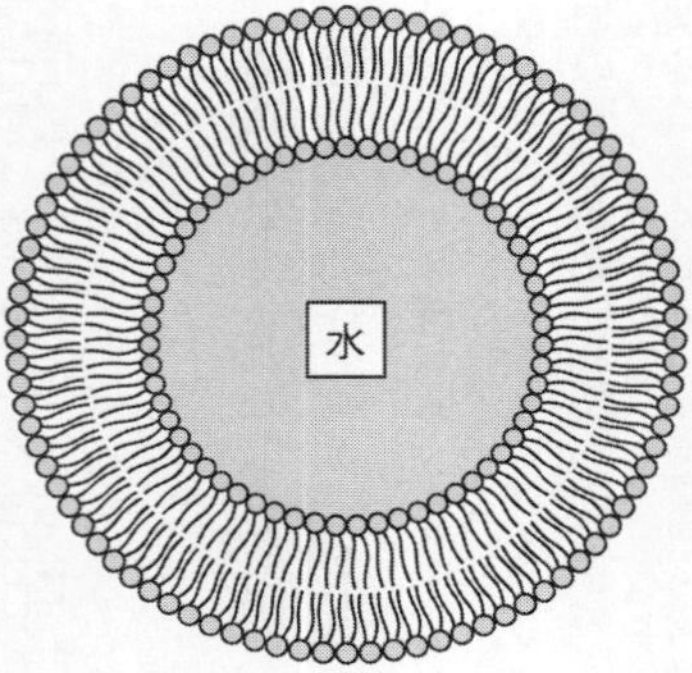

図26－1　リポソーム

なっています。さらに、余分な物質を取り除くリンパ系が発達していないことも加わって、漏れ出た物質がガン組織に留まりやすくなります。このようなガン細胞の特性に着目して開発されているのがナノサイズの微粒子製剤です。

ここでは、ナノ微粒子製剤のうち、特に古くから検討されてきたリポソーム製剤について解説します。リポソームとは、第3章Q24でも出てきた脂質二分子膜が球状になったものです（図26―1）。脂質二分子膜は細胞膜の主成分ですから、これは人工的な細胞のようなもので、体との相性が良さそうだということが分かります。リポソームの粒径は、作製条件を調節することで、五〇nm程度のものからマイクロメートルサイズのものまでコントロールすることができます。また、リポソームの内側の水相には水に溶けやすい物質を、脂質二分子膜部分には水に溶けにくい物質を運ばせることができるので、様々な薬の運び屋として期待されています。

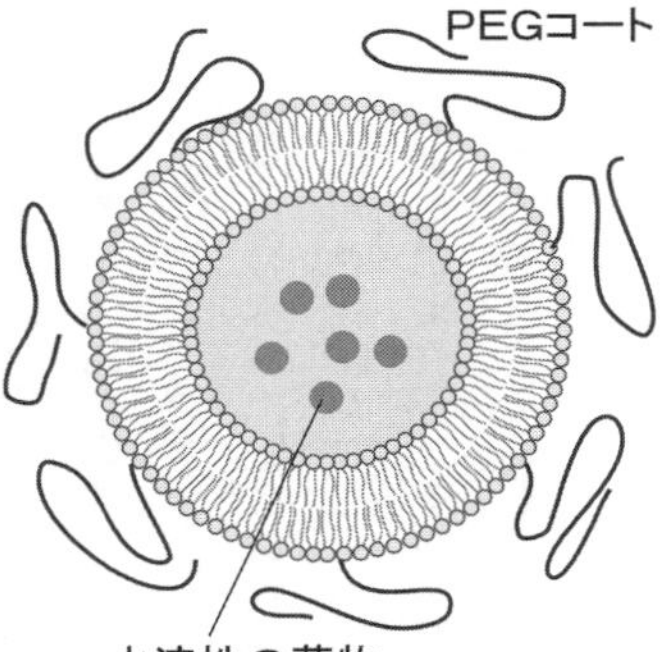

図26－2　ポリエチレングリコール（PEG）でコートしたリポソームの例

実際には、生体のもつ異物排除機構によって排除されたり、あるいは血液中のタンパク質によって、リポソーム内の脂質分子が引き抜かれたりするため、血液中の滞留時間を高めるための工夫が必要です。たとえばポリエチレングリコール（PEG）と呼ばれる高分子で表面をコートして、血液中での滞留時間を高めたリポソーム（図26―2）は、異物を食べる細胞（貪食細胞）のレーダーから逃れて血中滞留時間が長いことから、ステルス性（探知されにくい）リポソームと呼ばれています。しかし、ステルス性リポソームでも繰返しの投与により、ステルス性が失われてしまう問題があり、薬の効果を維持するためにさらなる工夫が必要と考えられています。このように、ドラッグデリバリーシステムは、まだまだ開発途上の技術であり、よりよい薬の運搬方法について日々盛んに研究が行われています。（平野愛弓）

Q27 抗菌グッズはどうして効果があるの？

抗菌剤や抗菌処理は古代エジプトや中国でミイラの保存処理法として使われていました。当時、その作用の機構は全く分かっていませんでしたが、硫化水銀に抗菌効果があるとして使用されたことが、ミイラを分析して分かっています。また、西欧では、古くから食器に銀製品がよく使われていますが、これにも抗菌効果があることが知られていました。日本でも梅干しやわさびに抗菌効果があることが経験的に知られていて、おにぎり・弁当・刺身などの生ものによく添えられています。

私たちの身のまわりにある物体の表面はバクテリアなどによって汚染されています。これらバクテリアの生育を防ぐのが抗菌剤です。最近では手に触れる様々な商品に「抗菌加工」と書かれています。では、抗菌とはどのような効果のことを指しているのでしょうか？　似たような言葉に、殺菌・滅菌・除菌などがあります。殺菌は文字通り、菌と総称される微生物の完全殺滅を指します。滅菌とは、完全ではないものの菌を殺滅する効果を指し、除菌は菌を洗い流すことも含め、菌を減らす効果を指します。本項目のテーマである「抗菌」とは、殺菌・滅菌・除菌などの菌を死滅させる効果だけではなく、菌の生育を阻害する効果も含んだ広い効果を指しています。この抗菌作用を持つ物質を抗菌剤と呼んでいます。抗菌剤はその材料により大きく有機系抗菌剤と無機系抗菌剤の二種類に分けられます。有機系抗菌剤は抗菌作用を持つわさび成分などの有機物を原料としたもの、無機系抗菌剤は、抗菌作用を持つ銀や銅などの無機物からなるものです。光エネルギーを利用した光触媒（酸化チタンなど）も最近では広く用いられ、これは無機系抗菌剤に分類されています。

では、どのような仕組みで、抗菌するのでしょうか？　抗菌剤が菌に働きかける作用には大きく分けて二通りの仕組みがあり、それらのうち一方だけ、もしくは両方が組み合わさって抗菌効果が働いていると考えられています。一番目が、菌の細胞膜を破壊する効果、二番目が、菌の細胞質に入り込み菌の生理機能を阻害する効果や、菌の増殖を阻害する効果です。順に詳しく見ていきましょう。

まずは一番目の菌細胞膜を破壊する効果についてです。細胞膜は主成分がリン脂質の二重膜です。この細胞膜に抗菌剤そのもの、もしくはその一部が吸着して細胞膜成分と複合体を作り、その複合体が細胞膜から脱離することで、細胞膜に孔《あな》をあけるというものです。細胞膜に孔があくと、細胞の内容物（細胞質）が細胞の外に流れ出したり、細胞外の成分が細胞内に流れ込んだりすることによって、細胞が死滅するという機構です。二番目は細胞の生理機能を停止させる効果です。細胞膜は細胞を外敵から守る役割をしています。しかし、中には細胞膜をうまく通り抜け、細胞内に入り込み細胞内で起こっている生理機能に重大な損傷を与える物質もあります。たとえば、細胞内器官の一つであるリボソームの機能を妨害し、タンパク質代謝の正常な働きを阻害することで、細胞の機能を停止する働きをするものや、活性酸素を発生させ細胞の機能を破壊するものなどがあります。これまでの研究によって、抗菌作用の精密なメカニズムが解明されてきましたが、いまだ不明な点も多く残されています。さらなるメカニズムの解明は、より効果的な抗菌剤の開発につながります。

次に、用法についてみていきましょう。無機系抗菌剤は熱に強く持続性にその特徴があります。銀・銅などがその代表です。人体に無害であることもこれらの金属が広く使われている理由の一つです。ただし、長期間にわたりその効果を持続させるために、いくつかの工夫を施しています。よく使われているのは、金属イオンを取り囲むように複数の原子が結合した分子（錯体）として閉じ込め、金属イオンが溶出しないようにする方法です。複数の原子と結合しているため、通常の環境では、金属イオンが錯体から流れ出ることはありません。抗菌加工のプラスチックなどでは、錯体にした無機系抗菌剤を成型時に混ぜ込んだ後に熱をかけて成型します。この方法は簡単なのですが、奥のほうに埋まっている抗菌剤は菌から遠いため、なかなか効果を発揮することができず、無駄になります。少ない量で効率よく抗菌作用を発揮させる方法として、抗菌加工させたい物の表面に薄く塗る方法がよく採られています。単に抗菌剤を塗るだけではすぐに剝離してしまうため、紫外線や熱で硬化する樹脂に抗菌剤を混ぜた塗布液を用います。対象物の表面にこの塗布液を薄く塗ったのち紫外線照射や熱を加えて、表面に硬化固着させます。この方法では、対象物の表面近傍に高い濃度の抗菌剤の層を作ることができるので、長い時間、効果的に抗菌作用を持続させることができます。（藤井政俊）

Q28 タンパク質の働きを決めているのは何？

タンパク質は動物や植物の体を作る素材であり、二〇種類のアミノ酸が数百から数万個つながった「ひも状」の分子です。私たちが食物としてタンパク質を摂取すると、ひもはばらばらのアミノ酸にまで切り離され、肝臓などで再び人体に必要な機能を果たすタンパク質としてつなぎ合わされます。アミノ酸をつなぎ合わせる順序が異なると別なタンパク質となるので、その種類は人体用だけでも数万種にのぼります。できあがった新しいひも状分子は水中で自然に丸まっていろいろな形をとりますが、アミノ酸の配列順序が同じものは同じ形をとり、異なるものは違った形をとります。結果として球状に近いものから棒状に伸びたものまで、その機能を果たすのにふさわしい形ができあがります。

丸まった形をとった中身はアミノ酸が寄せ木細工のように組み合わさって簡単にはほぐれません。その外側にはいろいろな反応性をもつアミノ酸が顔を並べて酵素や抗体としての機能を果たします。そういう意味で、タンパク質はその形で大まかな機能が決まり、その表面でのアミノ酸の配置パターンによって固有の機能が確定します。ただ、タンパク質は小さいので、その形や表面のアミノ酸配置とその動きを直接顕微鏡などで見るのは難しいため、結晶にして、これにX線をあて、結晶解析法の理論を顕微鏡代わりにして見ることになります。この方法ですと、表面だけでなく、中身も含めてすべてのアミノ酸の配置が原子レベルでわかります。形を見るだけでなく、酵素機能にかかわる原子の動きや他の分子との結合を計算機シミュレーションで行うこともできます。ところが、最近になって原子間力顕微鏡（AFM＝Atomic Force Microscope）でタンパク質表面をなぞってその形や表面構造を見ることもできるようになりました。まだ分解能は低いのですが、小さいバネにつけた細い針で個々の分子に直接触れ、その表面をなぞって凹凸を三次元の映像にする方法です。バネを使っているので、形だけでなく表面の性質や押したり引いたりしたときの硬さなども測定できるのが特徴です。

タンパク質は、その表面で他の分子に結合し、自分も形を変えながら相手を二つに切断したり、二つのものをつないだりして機能を果たしているので、分子の中に肘のように曲がる構造や棒のように硬い部分などがあるはずです。このように考えると、タンパク質は一枚岩のように全体が一様に硬いものではなく、分子内に硬いところや、動きやすく軟らかいところがあるだろうと想像できます。しかし、この予想を実験で証明するのはとても難しいのです。なぜなら、タンパク質は非常に小さいからです。ものの硬さを測るには測られるものより小さくて硬い針で押してみて、どのくらいの力で押すとどのくらい凹みができるかというような方法を使いますが、相手が小さいと押す針の方が太くなり、試料の微小部分を区別できなくなります。

しかしタンパク質分子の全体を押すことがＡＦＭの発明で可能となり、個々のタンパク質の平均的な硬さを測定することができるようになりました。その結果によると、タンパク質分子は、輪ゴムの一〇〇倍から一〇〇〇倍の硬さをもつことがわかったのです。硬さが一〇〇倍と言ってもわかりにくいと思いますが、大体プラスチックの硬さくらいで、金属やガラスに比べるとずっと軟らかいものです。図28－1にはタンパク質の基礎

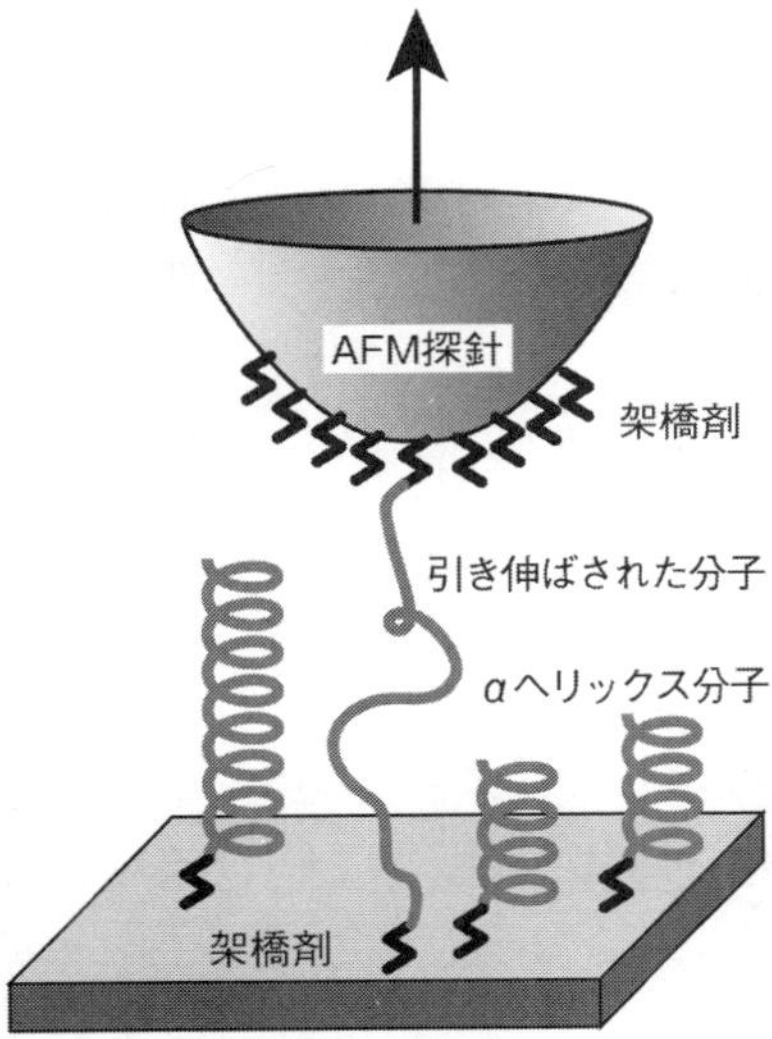

図28－1　タンパク質の基礎構造であるαヘリックスを引き伸ばしてそのバネとしての特性を測定するＡＦＭ実験の模式図。架橋剤：タンパク質分子を金属基板やＡＦＭ探針に固定する化学試薬（Afrin 他 Biophysical Journal 96 巻 1105 ページ（2009 年）より許可を得て改変）

構造であるαヘリックス（らせん）分子を引き伸ばし、その分子バネとしての特性を調べる実験方法を示します。

ＡＦＭの細い針を使うと、タンパク質だけでなく、細胞やＤＮＡを指先にのせているような感覚でさわることができます。すこし力を入れれば、つぶしたり、引っ張ったり、切断したり、細胞に穴を開けてＤＮＡを注入したり、といろいろな操作を加えるバイオテクノロジー用の道具として使えそうです。（猪飼篤）

■用語：αヘリックスとβシート

アミノ酸がたくさんつながってひも状分子になると、生物の体のなかのように水が多い環境ではαヘリックス（らせん）とβシート（板）などの形をとります。この二つが柱となり、壁となって作り上げる立体構造があるとタンパク質を結晶にでき、ペルーツ、ケンドリュー両博士（コラム参照）がはじめて示したように精密な原子配列を決めることができるのです。

コラム

【ノーベル賞：マックス・ペルーツ――球状タンパク質の構造研究（一九六二年）】

　タンパク質機能に関するノーベル賞受賞研究の中で有名なのがM・F・ペルーツ（写真）とJ・C・ケンドリューによる球状タンパク質の構造解析です。この研究では、X線結晶解析法によって、酸素結合能を持つタンパク質であるミオグロビンとヘモグロビンの構造がはじめて原子レベルで明らかにされました。

タンパク質は巨大分子とよばれるほど分子としては大きいので、その構造の解析は難しく、X線結晶解析法を確立したブラッグ親子が一九一五年にノーベル賞を受賞してから四七年かかりました。

　ミオグロビンは引き伸ばせば五〇nm以上もあるひも状分子ですが、生体の中では丸まって直径三nm程度の塊になります。その結果、ミオグロビンの塊の表面には特定のアミノ酸群が一定の配置で配列するので、特定の構造を持つ分子のみが結合できるようになります。何万種類もあるタンパク質やDNA、薬物などの中から特定の相手を見つけ、その相手と結合して機能を発揮する性質がタンパク質の表面には備わっています。ひも状分子が丸まったとき、自然とそのような表面ができるように仕組まれているのです。タンパク質のこのような基本的な構造原理を明らかにして、後世のタンパク質研究を導いた研究として偉大な業績でした。その後のノーベル賞でも、タンパク質やDNAのX線結晶解析による構造決定と機能の解明によって数多くの受賞が生まれています。圧巻は、二〇〇九年にラマクリシュナン、シュタイツ、ヨナスが受賞したリボソームの構造と機能解析でしょう。五〇種類以上のタンパク質と多量のRNA（リボ核酸）を含む巨大なリボソームの構造も、X線結晶解析によって決定されました。

（猪飼篤）

Q 29 歯の丈夫さは何によって決まるの？

まずは、歯の構造を見ていきましょう。歯の上半分（歯茎から出ている歯冠《しかん》部）は三層構造をしています（図29—1）。いちばん内側が、「歯髄腔《しずいくう》」といわれる部分で、歯の外形とほぼ同じです。中は歯髄で満たされていて、神経や血管が通っています。その外側の「象牙質」は歯の主体をなす硬組織で、約七〇％がヒドロキシアパタイト（ＨＡＰ）を主成分とする無機物、二〇％が有機物、一〇％が水です。いちばん外側が「エナメル質」の層です。これは、歯の表面を二・〇から二・五㎜の厚さで覆っていて、人間の体の中で、一番硬い組織です。実際、モース硬度（鉱物の硬さを表す指標）は六から七で、六は工具用の鋼、七は水晶なので、かなり硬いことがわかります。組成は約九六％がＨＡＰを主成分とする無機物、残りの四％が水と有機物（エナメルタンパク質）です。この層が歯の硬さを決めている部分になります。

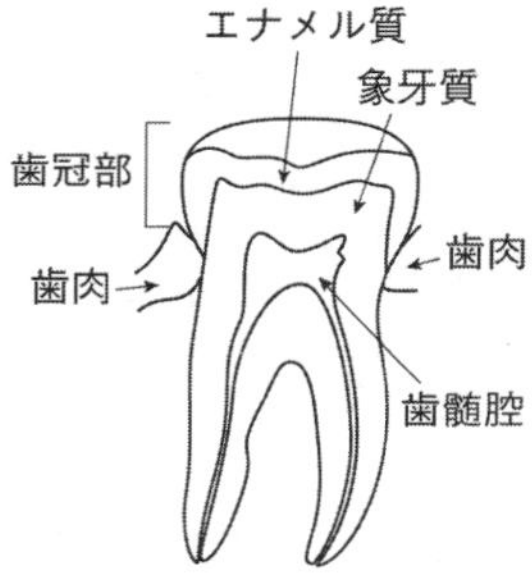

図29－1　歯の断面模式

象牙質とエナメル質の主成分となっている無機物ＨＡＰと

は、塩基性リン酸カルシウムのことで、化学式は$Ca_{10}(PO_4)_6(OH)_2$です。同じ成分の鉱物に、水酸燐灰石があります。骨も体を支える重要な役割を果たすためにかなり硬く、人体の中では硬い組織（硬組織という）に分類されます。しかし、骨が硬すぎると、しなやかさがなくなるため、多少の変形ができるようエナメル質よりも軟らかい組成となっています。

図29—2は、エナメル質の表面を電子顕微鏡で拡大した画像です。エナメル小柱と呼ばれる、小さな柱が密集した集合体になっています。ちょうどツマヨウジを束ねたような恰好をしています。歯の種類によって多少違いますが、およそ八〇〇万～一二〇〇万本のエナメル小柱が象牙質を覆っています。さらに一本のエナメル小柱は、大きなHAP結晶（三～六μm）が向きを揃えて積み重なってできています。他の組織のHAPとくらべて結晶サイズが大きく、結晶格子の向きがそろっているのが特徴です。そのため、圧縮されにくい非常に硬い組織となっています。

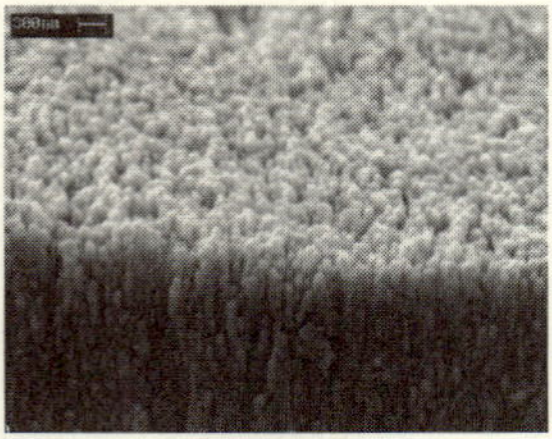

図29－2　エナメル質の電子顕微鏡写真

ただし、完全な層になっているわけではないので、柱と柱の隙間から虫歯菌などの不純物がしみこむ可能性があります。通常、口腔内のpHは六・八～七・〇の中性ですが、果物など食べ物によっては口腔内のpHが五・五より低くなることがあります。このような環境ではエナメル質が溶け出す脱灰《だっかい》と呼ばれる現象が起こり始め、エナメル質の構造が緩みがちになります。このときの歯が一番弱い状態です。このまま放置しておくとエナメル質が薄くなったり虫歯になりやすくなるので、できるだけ早く、口腔内のpHを中性に近い状態に戻す必要があります。

子供が大人に比べ虫歯になりやすいのは、エナメル質の硬化が完成していないからです。エナメル質形成の初期の段階では、エナメル芽細胞が活発に働き、エナメルタンパク質を合成したり、まだ結晶化していない軟らかいＨＡＰを分泌したりします。その後ＨＡＰの結晶化が進み、それと同時に大部分のエナメルタンパク質が分解してエナメル質の硬化が完成します。最終的には、エナメル質を作るのに重要な役割を果たしていたエナメル芽細胞もなくなってしまいます。エナメル質は再生できないので、虫歯の治療は詰め物をするしかないのです。

歯を丈夫にする目的で、歯科検診等でフッ素を歯に塗ることがあります。実際に塗っているのはフッ素そのものではなく希釈したフッ化ナトリウム水溶液で、大量に摂取しない限り無害です。市販の歯磨き剤のうち六割～七割程度にはフッ素成分が入っているようです。歯磨き剤の成分表示のなかにフッ化やフルオロと書かれていると、フッ素が入っています。フッ素を塗ると歯が丈夫になる理由の一つとして、エナメル質の主構成成分であるＨＡＰのヒドロキシ基（－OH）が部分的にフッ素と入れ替わることで硬くなるためと言われています。（藤井政俊）

第4章

摩擦の表面科学

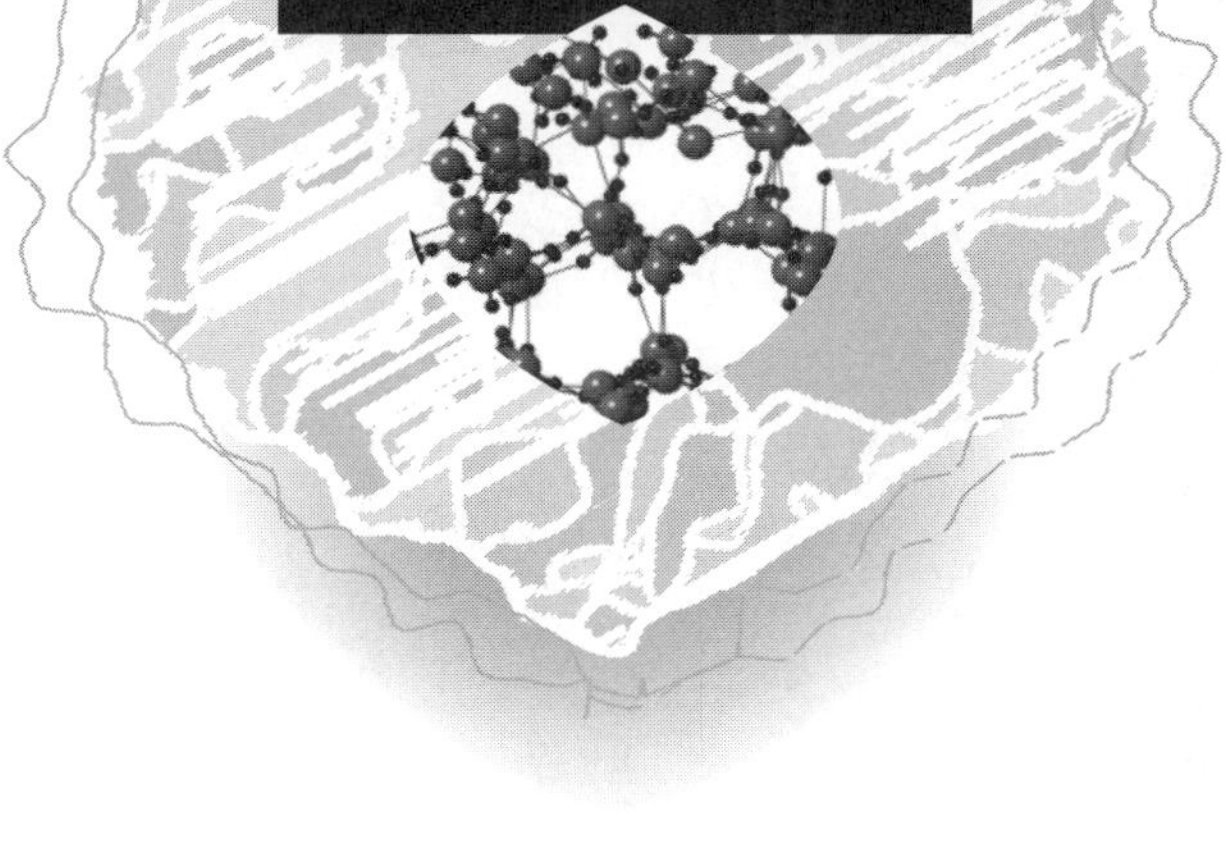

Q30 摩擦って何？

重い荷物を引っ張って運ぼうとしてもなかなか動いてくれません。それはなぜでしょう。じつは、荷物と床の接触面で引っ張る方向とは逆方向に抵抗、つまり摩擦が生じるからです（図30―1）。たとえば机を手のひらで触ると、つるつる、すべすべ、ざらざら、べたべたしていると感じますが、これは手と机の間に働く摩擦の大きさを触覚で感じていることになります。物をつかむことができるのも、手と物の間に働く摩擦のおかげです。また歩く動作も、足と地面との間に働く摩擦のおかげですが、摩擦が大きいと靴底に摩耗が生じて擦り減ってしまいます。このように日常生活の動作は全て摩擦と関わっているのです。ところでスポーツは、摩擦をコントロールする技術の優劣を競っているとも言えます。大きい摩擦と小さい摩擦をうまく利用して、より速く、高く、遠くへ動いて、そのスポーツ特有の動きを最大限に発揮しているのです。

人類は、紀元前一八八〇年頃のエジプト文明の時代に、既に摩擦の存在に気付いていました。図30―2はそりに載せた巨大な石像を数百名の奴隷が引っ張る様子を描いたレリーフですが、そりの先頭に立っている人が、壺から液体（水か油）を潤滑剤として地面に注いでそりを滑りやす

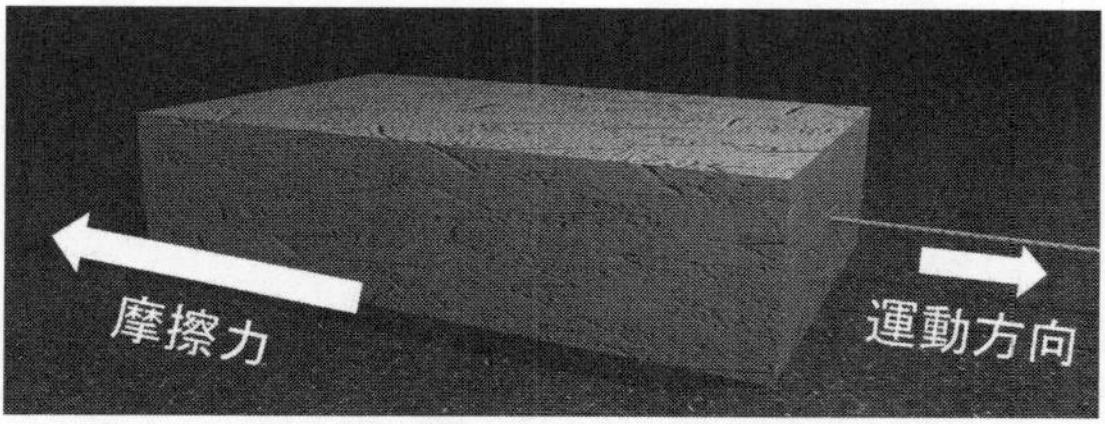

図 30 − 1　二物体の接触面で生じる摩擦

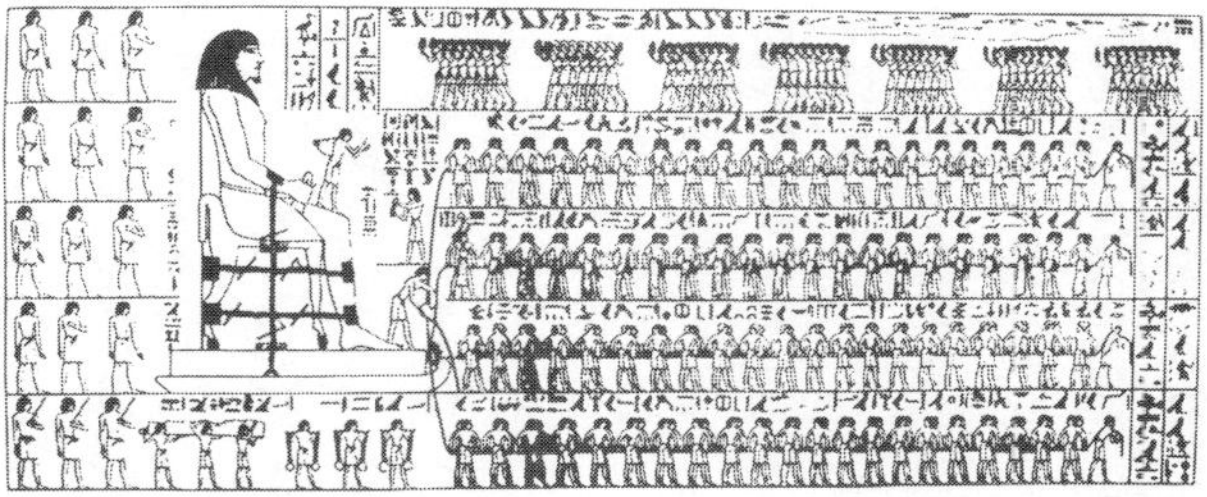

図 30 − 2　古代エジプト文明のレリーフ。エジプト人の石像の運搬

くしています。紀元前七〇〇年頃のメソポタミア文明の時代でも、石像の据え付けに丸太をコロとして使っている壁画が残っています。このように身近な現象であった反面、摩擦を初めて研究対象として取り扱ったレオナルド・ダ・ヴィンチが現れるには、一五～一六世紀のルネッサンス期を待たねばなりませんでした。

現在、摩擦を研究する学問分野には名前がつけられていて、「トライボロジー」と呼ばれています。トライボロジーとは、ギリシャ語のτριβω（トリボス＝擦《こす》る）という言葉にちなんで、一九六六年に英国で作られた造語です。地球規模で働く摩擦を研究する場合、ジオトライボロジーと言います。たとえば地震が起きる際、断層の動きを議論しますが、地震のメカニズムを知る上で、断層間の摩擦が非常に重要な役割を果たします。またマイクロトライボロジーは、マイクロメートル（一〇〇万分の一m）サイズで働く摩擦を議論します。たとえばハードディスクのヘッドとディスクの間の一〇分の数μm以下の間隔では、極めて大きな摩擦が働くので、ディスクの表面に潤滑剤を塗って摩擦をできるだけ小さくして、ヘッドの寿命を長くしています。原子・分子サイズの摩擦を扱うナノトライボロジーもあります。物質の表面には原子や分子が規則正しく配列していますので、表面上にナノメートルサイズの物体を置いて動かすと、原子や分子の配列を反映した摩擦が現れるのです。

このように、摩擦は原子・分子から、クラスター、高分子、固体、生命体、地球、そして（惑星の衝突なども広義の摩擦現象とみなせば）宇宙まで、全てのサイズの世界で現れます。摩擦のこうした普遍的な側面に注目して、たとえばエネルギーの散逸という観点から摩擦を記述すれば、物理学、化学、生物学、地学などの基礎科学への発展に貢献するはずです。一方、摩擦はこすり合わせる物体の種類によってその特徴が変化します。この摩擦の特殊性に注目すれば、摩擦を制御する潤滑技術の開発に役立ち、産業に大いに貢献するでしょう。摩擦の普遍性、特殊性の理解は、省エネルギー問題の根本的な解決への鍵を与えてくれることが期待できます。（佐々木成朗）

Q31 摩擦の法則はどこまで分かっているの？

摩擦は至るところで現れる現象です。そのため、昔からそれがなぜ発生しどのように振る舞うのかが調べられてきました。今日、確認されている最も古い摩擦に関する研究はレオナルド・ダ・ヴィンチによるものです。彼は次のような法則を見つけています。

（1）乾燥した固体の間の摩擦力は見かけの接触面積に依らない
（2）摩擦力は荷重に比例する

床の上に積み木を置き、積み木を滑らそうと横方向に引っ張ります。引っ張る力を徐々に増やしていくと、最初、引っ張る力と摩擦力が釣り合って、積み木は動きません。さらに力を増して最大静摩擦力と呼ばれる力より大きな力を加えると積み木は動き出します。ダ・ヴィンチは自身で実験を行い、この最大静摩擦力の振る舞いを調べ、先に記した法則を発見しました。その実験のスケッチも残っています。しかし、この発見は残念ながら歴史の中で忘れ去られてしまい、約二〇〇年後アモントンによって再発見されたため、今日ではアモントンの法則と呼ばれています。

ではこの摩擦はなぜ発生するのでしょうか？　最初に考えられたのが凹凸説です。どんなに滑らかに見える物の表面もよく見れば凹凸しています。表面を接する二つの固体間に滑り運動を起こそうとすると、凸と凸が互いに相手を乗り越えねばならず、そのために必要な力が摩擦力であるというのです。この説では、表面の凹凸が激しい物の間の方が摩擦力が大きくなります。しかし実験ではそうなるとは限りません。また、物の表面をたった一層の分子膜で覆っただけで摩擦力は大きく変化してしまいます。一層の分子膜ぐらいでは表面の凹凸の様子は変わらないため、この事実も凹凸説と矛盾します。

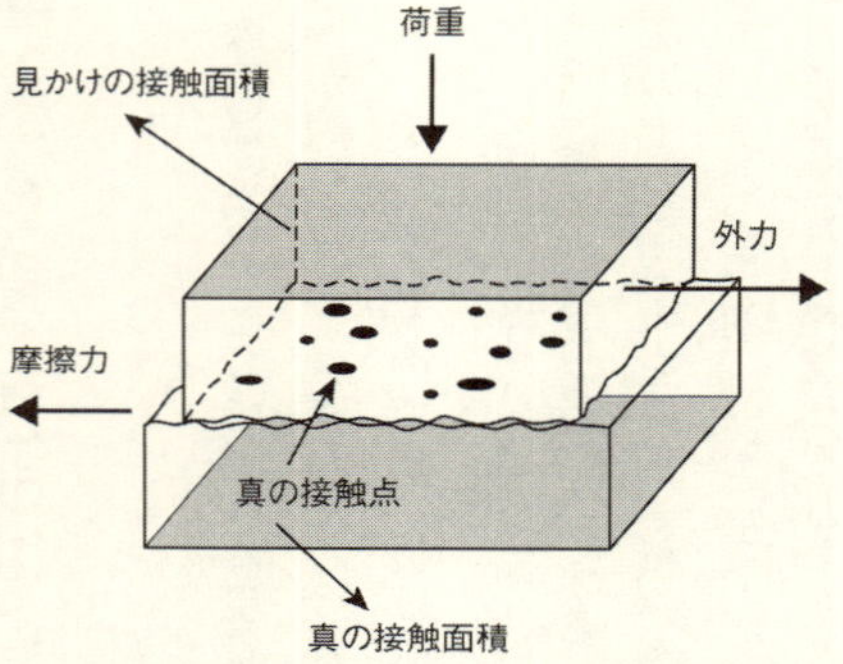

図31－1　真実接触点と真実接触面積

次に考えられたのが、凝着説です。固体の表面は凹凸している、というところから出発するのは凹凸説と同じです。この凹凸のため、図31－1に示すように二つの固体間で本当に接している部分（真実接触点）の面積（真実接触面積）は、見かけの接触面積のうちのわずかな部分です。この真実接触点で、分子間力による凝着が起こると考えられます。二つの固体間に滑り運動を起こすにはこの凝着を切らねばならず、そのために必要な力が摩擦力であるというのです。

　では、凝着説でどのようにアモントンの法則が説明されるのでしょうか？　透明な物質の間では光を使って真実接触点を観測することができます。その結果、真実接触面積は見かけの接触面積には依らずに、荷重に比例して増加することが確かめられています。また、単位真実接触面積あたりの凝着を切る力は一定なので、摩擦力は真実接触面積に比例して増加します。これらのことから凝着説によってアモントンの法則が説明されたことになります。

　しかし最近、原子・分子スケールの摩擦が調べられるようになり、一つの真実接触点に注目したとき、最大静摩擦力はその面積に比例しないことがわかってきました。これは界面での原子配列の乱れや、接する二つの表面の結晶構造の違いのため、二つの表面の原子の間の相互作用の利得が表面原子数に比例して増加しないためです。ではどうして荷重によって、真実接触面積に比例する摩擦力が生じるのでしょうか。これについては現在、いくつかの説が提案されていますが、結論は出ていません。

　大昔から調べられてきた摩擦の法則もまだまだ分からないことがあります。あなたも一緒に摩擦の謎を解明してみませんか？（松川宏）

Q32 原子スケールで摩擦を測定できるって本当?

摩擦は接触する二つの物体の真実接触部を通して働くということを前項でお話ししました。では真実接触部の摩擦は原子スケールでは一体どうなっているのでしょう?

摩擦を原子スケールで初めて測定したのは、ＩＢＭアルマーデン研究所のメイトらです。一九八七年、彼らは、先端を曲げたタングステンの針でグラファイトの表面を擦《こす》って、摩擦力がグラファイト表面の炭素原子の配列を反映して変化することを見出しました。しかもμN程度の微小荷重領域にもかかわらず、摩擦力が荷重に比例するというアモントンの法則が成り立っていることも指摘しました。

彼らが原子スケール摩擦を観察するのに使った原子間力顕微鏡（ＡＦＭ：Atomic Force Microscope）の原理について説明しておきます。ＡＦＭは、一九八六年、ビニッヒらによって絶縁体表面を原子スケールで測定するために発明された手法です。典型的なＡＦＭの概念図を図32―1に示しておきました。ナノサイズで尖らせた微小な探針を先端に取り付けたカンチレバー（板の形をしたバネ）を試料表面に押し込んで擦ります。このとき探針と試料表面との間に働く

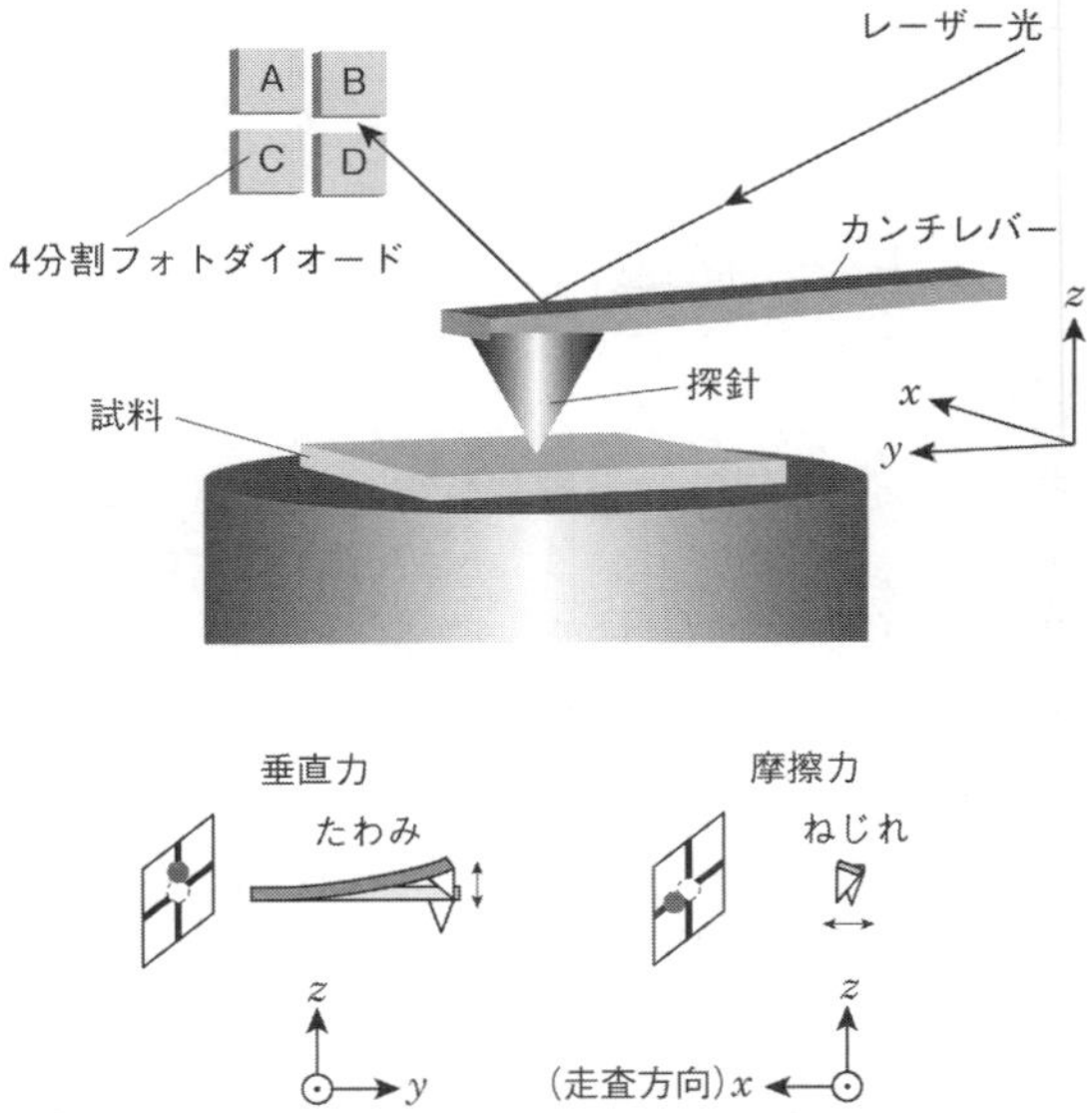

図32－1　光てこ方式の原子間力顕微鏡の概略図。垂直力と水平力はカンチレバーの垂直（たわみ）変位と水平（ねじれ）変位で測定される

力を、カンチレバーの変形量に変換して測定するのです。私たちが表面を手でさわってつるつるしているか、ざらざらしているかを感じるのと良く似ていますね。

ＡＦＭは探針と試料表面との間に働く二つの力成分、垂直力と摩擦力（水平力）を測定します。垂直力はカンチレバーの垂直方向の変位（たわみ）から、摩擦力（水平力）は水平方向の変位（ねじれ）から求まります。力の標準的な検出方法である光てこ方式では、垂直、水平変位の同時測定をするため、センサーとして通常四分割フォトダイオードが用いられます。カンチレバーのたわみによる上下運動をレーザー光の反射角度の変化として検出するには、フォトダイオードに入射するレーザーの（Ａ＋Ｂ）の光強度と（Ｃ＋Ｄ）の光強度の差を求めればよく、ここから垂直力が求まります。一方、カンチレバーのねじれによる首振り運動を（Ａ＋Ｃ）の光強度と（Ｂ＋Ｄ）の光強度の差で検出して水平力が求まります。このように、垂直力と水平力を同時に測定出来るＡＦＭは、水平力顕微鏡（ＬＦＭ：Lateral Force Microscope）、または摩擦力顕微鏡（ＦＦＭ：Frictional Force Microscope）と呼ばれています。

ＡＦＭ、ＦＦＭの原理が分かったところで原子スケール摩擦の話に戻りましょう。メイトらの画期的な実験を契機に、ＦＦＭによる膨大な測定が行われて原子・分子〜ナノスケール摩擦の理解が進んだ結果、ナノトライボロジーという新しい学問分野が急速に発展しました。ＦＦＭは当初、理想的には探針先端の単一の突起（原子）と試料表面との間に働く摩擦力を測る装置として考案されましたが、今日、メイトらの実験ではそのようにはなっていなかったと考えられています。なぜならメイトらの実験では総荷重の大きさ（一〜一〇μN程度）が、単一原子が支えられる荷重（〇・一〜一nN程度）よりはるかに大きかったからです。単純に考えると、最大10 μN/0.1 nN＝10^5個程度の原子が接触に関与しないと総荷重一〇μNに達しないのです。この状況を説明するため、今日では、試料表面からグラファイトの薄片がはがれて、針と試料表面の間に薄片がはさまった状態を測定したと考えられています。このことは実際に針先に薄片を付着させて擦《こす》った実験からも証明されています。このように、ＦＦＭを使って、摩擦を原子スケールで測定できるようになりましたが、実験データを良く見て針と表面の間で実際には何が起こっているのかを考える必要があります。ナノスケールの摩擦の科学の面白さと難しさがここにあるのです。（佐々木成朗・三浦浩治）

Q33 超潤滑分子ベアリングって何?

ナノスケールの世界で、摩擦を小さくする方法を考えてみましょう。私たちの暮らす世界に目を向けてみると、床の上を動く物体には、必ず摩擦が働きます。では床の上にビー玉をばらまいて、その上で物体を滑らせるとどうでしょう? ビー玉が転がるので摩擦が小さくなって、物体は非常に滑りやすくなります。これは、機械工学で言うボールベアリングの仕組みです。このベアリングと同じシステムを、ナノスケールでも実現できたら、ボールの転がりで摩擦が小さくなって、物体は滑りやすくなるのではないでしょうか? このようなアイディアをもとに作った物質が超潤滑分子ベアリングです。そもそもナノのボールをナノのシートで挟むことは可能なのでしょうか? 答えはイエスです。たとえば炭素(カーボン)の同素体には、ボールの形をしたものとシートの形をしたものがあるので、これらを利用すればベアリング構造を作製できるのです。

まずナノのボールには炭素原子六〇個からできた C_{60} を使います。C_{60} 分子はバックミンスター・フラーというアメリカの建築家が作った半球型ドームに似ているため、彼の名前にちなんでフラーレンとも呼ばれています。C_{60} は数学的には切頂二十面体と言って、サッカーボールと

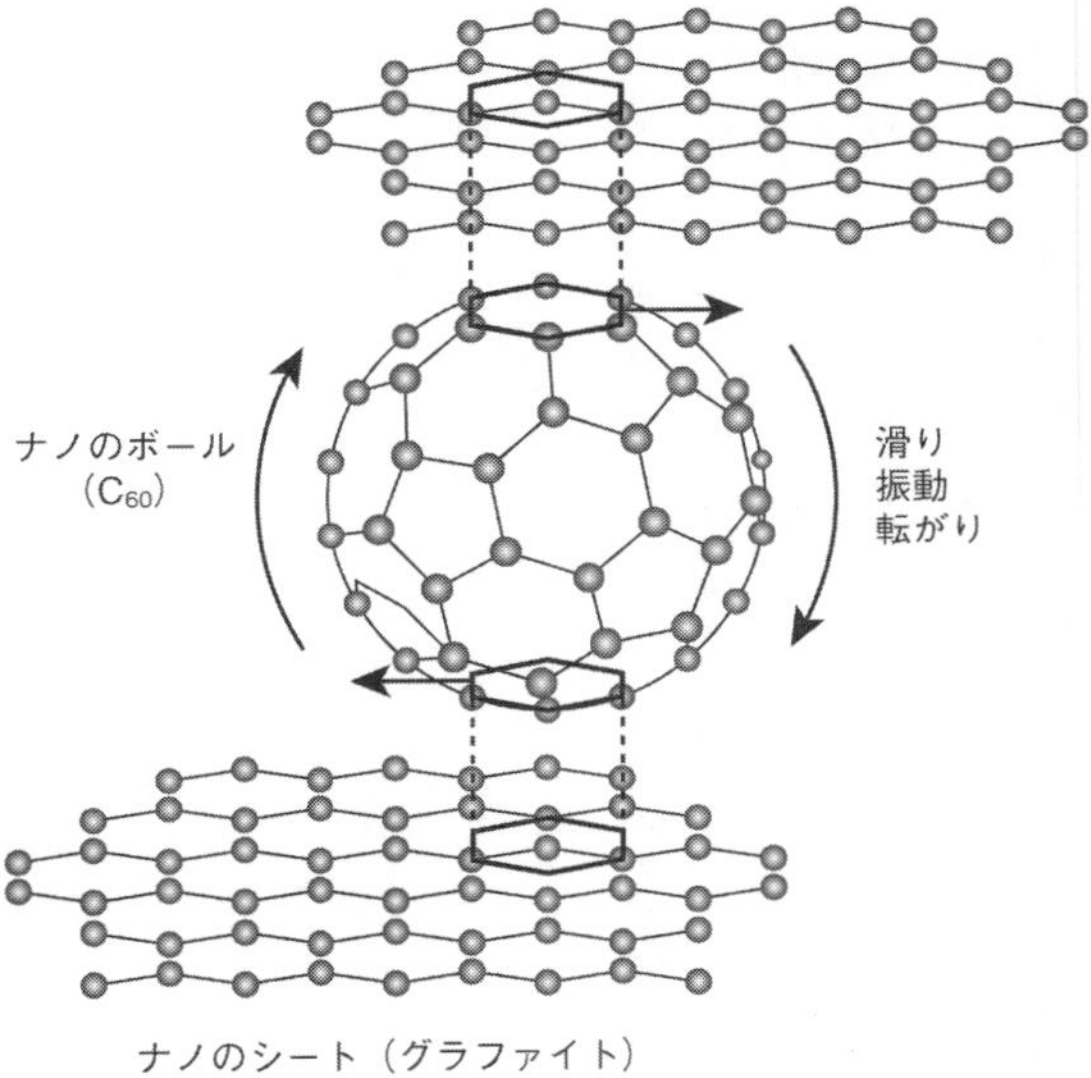

図 33 −１　超潤滑分子ベアリングの概念図。ナノのシート（グラファイト）でナノのボール（C_{60}）を挟んで滑らせる

まったく同じ形をしています。この構造は、日本の大澤映二先生が一九七〇年に理論的に予言していましたが、実際には一九八五年にハロルド・クロトー、リチャード・スモーリー、ロバート・カールらが発見して、一九九六年にノーベル化学賞を受賞しています。

次にナノのシートにはグラファイト（黒鉛）を使います。グラファイトはグラフェンと呼ばれる一枚のシートが積み重なってできた構造です。一枚のグラフェンは、炭素の正六角形（六員環）が並んだ蜂の巣格子で構成されていて、非常に強い共有結合でつながっています。しかしシートとシートの間は非常に弱いファンデルワールス力で結合しているため、シートは非常に滑りやすい性質があります。二〇〇四年、グラフェンを単離する方法を提案したアンドレ・ガイムとコンスタンチン・ノボセロフは、二〇一〇年にノーベル物理学賞を受賞しています。

このように、ノーベル賞と関係が深い炭素のボールとシートを組み合わせて図33―1のようなベアリング構造を作ってみました。C_{60}をグラファイトで挟むにはいくつかの方法があります。第一の方法では、蒸着によってC_{60}分子をグラファイト基板上に単一分子層の膜として載せた後、その上に摩擦力顕微鏡（第4章Q32参照）を使ってグラファイトを載せます。するとC_{60}分子の単層膜をグラファイトでサンドウイッチした構造ができます。そこで摩擦力顕微鏡で摩擦力を測定したところ、動摩擦力が数十pNの大きさまで減少したのです。

第二の方法では、グラファイトを形成するグラフェンの層間にC_{60}分子を封入（インターカレート）させます。この方法だと、銀色がかったスス状の粉末ができますが、透過電子顕微鏡で見ると、グラフェンとグラフェンで挟まれた隙間にC_{60}分子が充塡されていることが観察できます。しかもグラファイトのどの方向に摩擦力顕微鏡の針を擦っても、動摩擦力、最大静止摩擦力ともに数十pNの大きさまで減少したのです。つまりこの材料は固体潤滑剤に適していて、メッキ、グリースに混ぜて全ての機械に使うことができるのです。

このように、pNオーダーの小さな摩擦のことを超低摩擦あるいは超潤滑と呼び、摩擦の低減に重要な役割を果たします。超潤滑分子ベアリングでは、C_{60}分子の滑り方や転がり方によって、摩擦力の大きさが変化することが分子シミュレーションで示されています。摩擦の制御法をコンピュータシミュレーションで提案できる時代が来ているのです。（佐々木成朗・三浦浩治）

Q34 雪や氷の上はなぜよく滑るの？

寒い冬の楽しみといえば、ウィンタースポーツ。なかでも、スキーやスケートは、雪国に住んでいなくても多くの人が楽しんだことがある人気のスポーツではないでしょうか。スキーやスケートは、雪や氷の上を「滑る」ことを楽しむスポーツです。それでは、雪や氷の上は、なぜ滑りやすいのでしょうか？

ところで、先程から「雪や氷」という言い方をしていますが、「雪」と「氷」では何が違うのでしょう？　氷は、私たちにとって最も身近にある結晶のひとつで、水を零度以下で「凝固」させることにより、簡単に作ることができる結晶です。一方の雪は、上空で水蒸気が「凝固」することによってできた氷の結晶です。したがって、雪も氷も原子分子レベルで見ると、同じ構造の結晶なのです。

では本題に戻って、なぜ氷結晶が滑りやすいのでしょうか？　その〝滑りやすさ〟の秘密は、氷結晶の表面構造（図34―1）にあります。氷の表面には、融点以下の低温においても、融けた層（融解層とよばれます）が存在します（図34―1(b)）。融解層が存在するために、氷結晶の

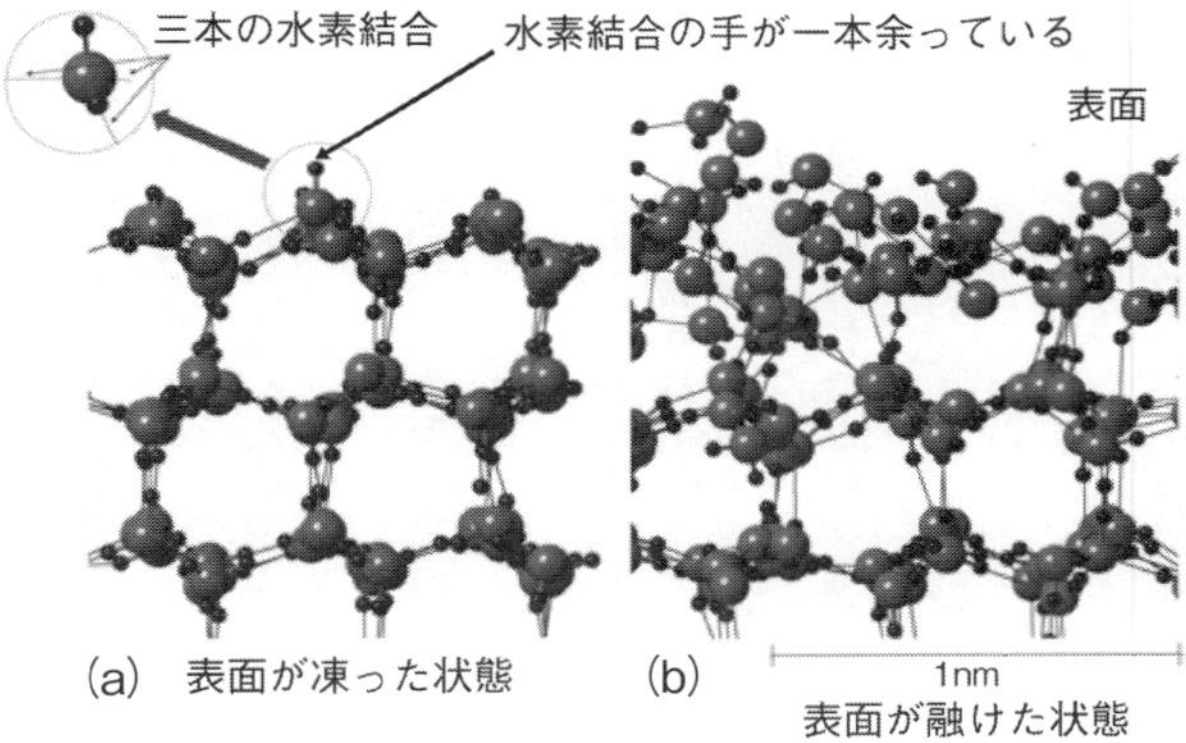

図34－1　分子動力学計算で見た氷表面の構造

表面は摩擦係数が小さく滑りやすい状態になるのです。

氷結晶の表面融解についての研究の歴史は長く、最初の論文はファラデーによって、一八五九年に発表されています。ファラデーの論文が報告されて以来、氷結晶表面は、一世紀以上にわたり様々な手法を用いて研究されてきました。この長い研究の歴史の中、氷の表面融解が起こる原因として、摩擦熱による融解や、加圧による融点降下等が提案されてきました。しかし、摩擦熱や融点降下では低温で起こる融解現象が説明できないことから、今日では、氷の表面融解は自発的な現象として理解されています。

氷結晶の表面構造は、結晶が生成する際の温度、圧力等の条件に依存しますが、低温でゆっくりと成長した氷の場合は、(0001) 面とよばれる結晶面が表面となります。この表面の第一層に存在する水分子は、下の層を形成する水分子との間に三本の水素結合を持ちます。通常の氷結晶内部の水分子は、周辺の水分子と四本の水素結合を形成します。したがって、表面層の水分子は、図34―1(a)(表面が凍った状態の図)中に示すように水素結合の手が一本余っている状態ということになります。

水素結合が一本少ないために、表面層の水分子は、結晶内部の水分子に比べて動きやすくなります。このため、表面第一層の水分子の熱振動の振幅は、結晶内部に比べて大きな値になるのです。表面第一層の水分子の熱振動の振幅は、一〇〇K以上の温度になると急激に増加し、二二〇K付近で融点における結晶内部の値を超えます。これは、第一層の水分子を束縛する三本の水素結合の強度が温度の上昇とともに弱くなるためです。表面層の分子の熱振動の振幅が一定値を超えると液体で覆《おお》われた方が安定な状態になるため、氷表面には融解層が形成され、滑りやすくなるのです。(深澤倫子)

Q35 生体の動きが滑らかなのはなぜ?

生体の動きは実に滑らかです。眼球を動かしても少しの抵抗も感じないし、赤血球は自分のサイズよりも細い毛細血管を変形しながら、スムーズに通ることができます。これらの滑らかな生体運動は、摩擦の観点から見た場合、とても不思議です。たとえば、関節軟骨間の滑り摩擦係数は何と〇・〇〇一程度しかありません。固体の摩擦係数が潤滑剤の助けを借りても〇・一前後にしかならないのと比べると、いかに小さいかがわかります。もしこの秘密を解き明かすことができれば、より良い人工関節を創り出したり、生物のように滑らかに動く運動素子を設計できるかもしれません。

上述の生体内の小さい摩擦はすべて生体軟組織界面で起こっています。生体軟組織は生体高分子(DNA、タンパク質、糖鎖など)と水から構成され、ソフトでウェットな物質系に属します。たとえば、関節軟骨は、コラーゲン繊維やプロテオグリカン(タンパク質と糖質の複合体)のような高分子が網目構造を形成し、その隙間には約八〇%もの水分が含まれています。このため、生体軟組織は軟らかく、液体のように小さな分子を自由に拡散・透過させることができます。

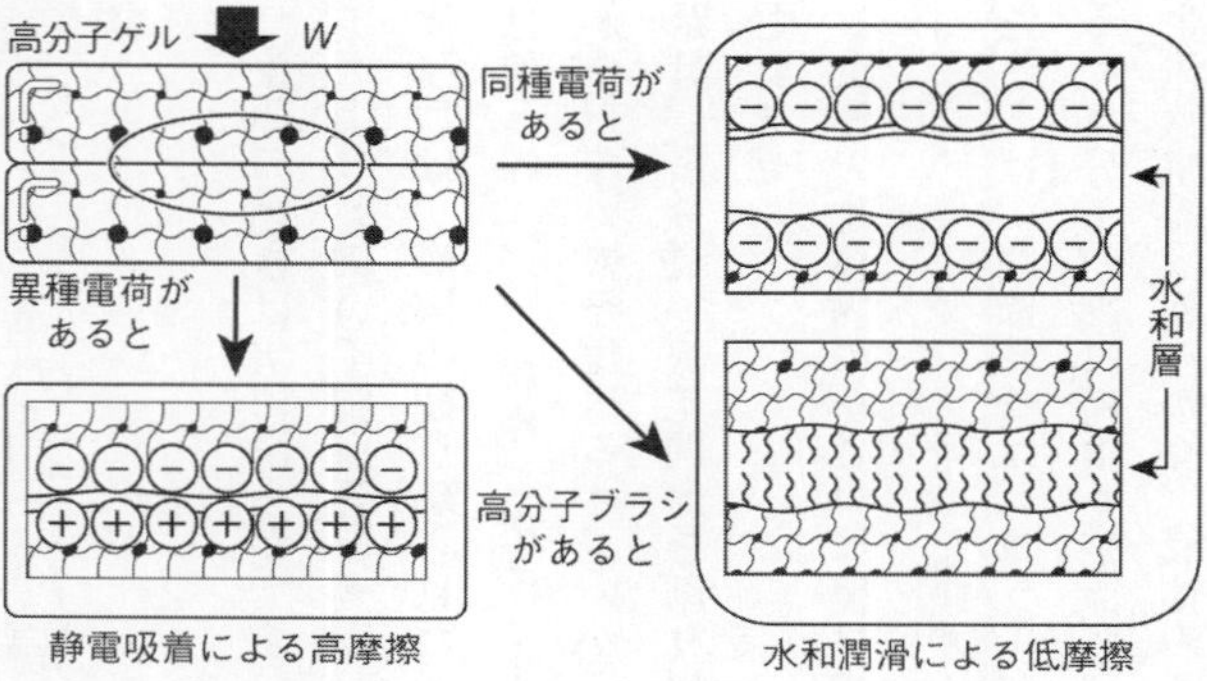

図35－1　高分子ゲルの摩擦機構

このような生体軟組織は高分子ゲルの一つと見なすことができます。高分子ゲルとは、高分子が架橋されることで三次元的な網目構造を形成し、その内部に溶媒を吸収し膨潤したものです。高分子ゲルは、大量の溶媒を含んでも、固体のように形を保つことができます。溶媒が水の場合、高分子ハイドロゲルといいます。身近な例を示すと、ゼリー、こんにゃく、寒天などもハイドロゲルです。生体軟組織もハイドロゲルに分類することができます。生物にみられる極めて低い摩擦は、そのソフトでウェットな物質状態に根本原因があると考えられます。このような原因を調べるために、高分子ゲルを用いた摩擦の研究が進められています。

空気中における固体間の摩擦はアモントンの法則 $F = \mu W$（第4章Q31参照）で表されるように、摩擦力 F は荷重 W に比例し、比例係数 μ は摩擦係数といい、○・

一～一・〇の間の値をとります。一方、液体中における固体間の摩擦は、滑り速度が十分高ければ、固体と固体の接触界面は常に液体の膜で満たされるようになります。これは流体潤滑と呼ばれる状態で、摩擦が急激に減少します。

高分子ゲルは、膨潤している場合は、摩擦界面で潤滑層が形成されやすく、流体潤滑による低摩擦を示します。潤滑層の形成は、軟らかい含水体であるゲルの特徴です。硬い固体と異なり、軟らかいゲルでは垂直荷重が均一に分散されるため、摩擦界面で接触応力が集中しにくくなります。そのため、界面の水が高分子の水和力によって保持されやすく、ゲルの摩擦はこの水和水を介して行われます。たとえば、図35―1に示すように、同じ種類の電荷を持つ高分子ゲル間では界面に潤滑層が形成されるため、摩擦係数は〇・〇〇一に低下する場合もあります。またゲル表面に片末端しか固定されていないブラシ状の高分子を導入すると、潤滑層の厚さが増加して、摩擦係数は〇・〇〇〇一にまで低下します。

ゲル状態にある生体の各部位の低摩擦機構は、潤滑層を持つゲルと共通であると考えられます。高分子ゲルの摩擦に関する知見は、ゲルを用いた人工関節、人工心臓などの人工臓器、内視鏡カメラ、カテーテルなどの医療機器の設計・創製に重要な指針を与えるものです。（龔剣萍）

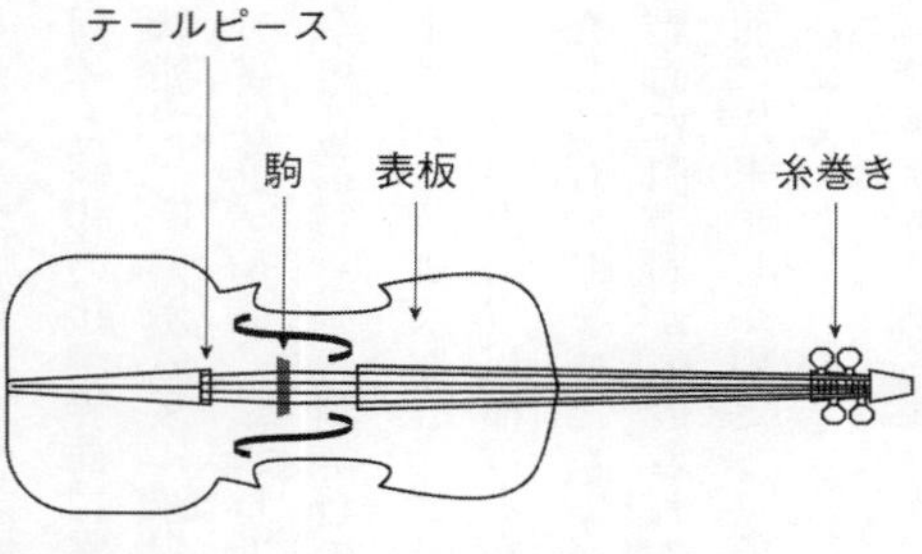

図36－1　バイオリンの構造

Q 36 バイオリンの音色の秘密って何？

バイオリンは弓で弦を擦《こす》り、弓と弦の間の摩擦によって弦の振動を引き起こし、それにより音を発生させます。このときの弓の擦り方と摩擦の様子によって美しい音からいわゆる鋸《のこぎり》の目立ての音と呼ばれる非常に聞き苦しい音まで様々な音が出ます。図36―1にバイオリンの構造を示します。四本の弦がテールピースと糸巻きで固定されています。弓で弦を擦ると弦が振動し、その振動が駒を通じてバイオリンの胴に伝わり胴が振動して音が鳴ります。この弦の振動を胴の振動に変換し、さらに音に変える機構は実に効率が良く、最も低い音を出すG線の場合、その太さは一㎜程度ですが、数㎜程度の振幅で振動するだけで、小学校の教室一杯に響くような音が鳴ります。

バイオリンが耳ざわりな音を発しているときにその弦がどの

ような振動をしているのかを初めて明らかにしたのは一九世紀のドイツの物理学者ヘルムホルツです。そのためこの振動はヘルムホルツ振動と呼ばれます。振動の一周期の運動を示したのが図36―2です。ここで時間は上から下に(a)から(i)に)進みます。弓(黒矢印)も上から下に弦を擦っています。このヘルムホルツ振動は両端を固定端とした振動ですが、基本波のモードと多くの高調波のモードを重ね合わせた三角波になっています。その三角波の頂点は図のように放物線の軌跡を描き、水平方向には一定の速さで左右に往復運動を繰り返します。三角波の頂点は(a)で弓が弦を擦る位置（擦弦位置）に到達し、(b)で弦の左端に達して反射し、(c)で再び擦弦位置に到達します。その間、弦は弓に対して上方に滑ります（スリップ）。その後、弦は滑らずに弓に固着（スティック）して動きます。それに伴い、三角波の頂点は右方に運動し(d)、(e)、右端に達し

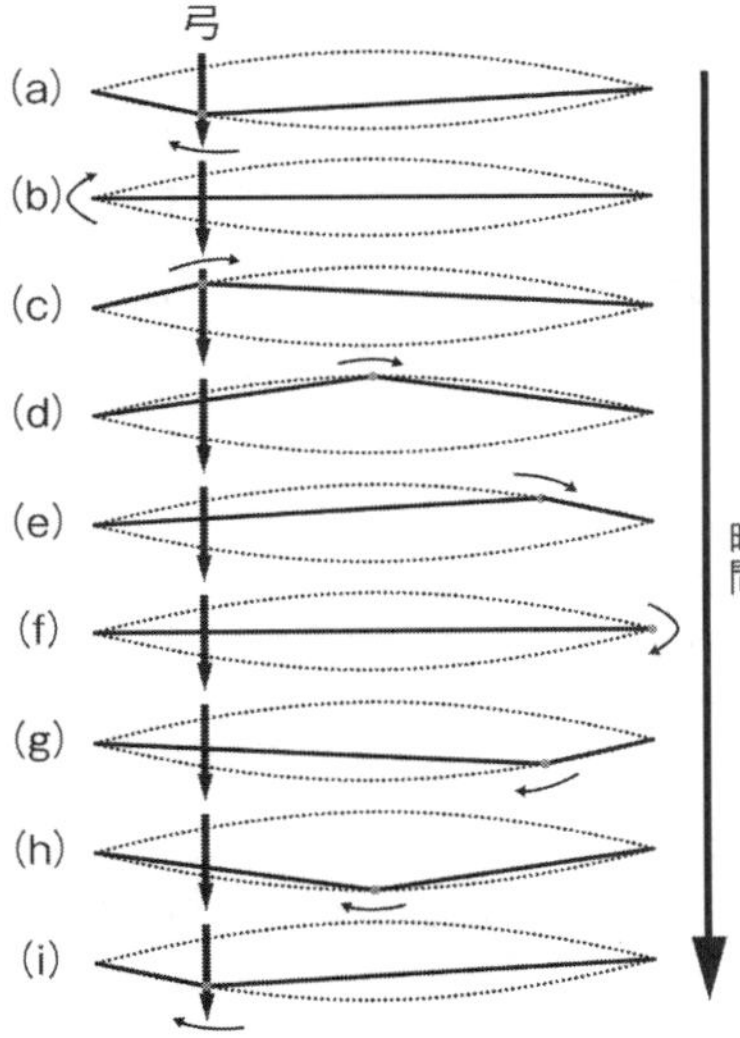

図36－2　ヘルムホルツ振動

て反射し(f)、その後左方へ運動して（g)、(h)、(i)（(a)と同じ状態）で再び擦弦位置に到達します。このように弦は弓への固着と滑りを繰り返すスティック・スリップ運動を起こします。

減衰や弓との間の摩擦がない理想的な状況では、一度振動が励起されると同じ振動を続けます。しかし実際は、弦の振動が駒を通じてバイオリンの胴を鳴らして音を出すので、駒の位置での減衰があります。弓と弦の間の摩擦は最初に振動を励起するとともに、固着時（(c)〜(i)）にその減衰分のエネルギーを弦に与え弦の振動を維持するために必要となります。

弓で弾《ひ》いてできるだけきれいなヘルムホルツ振動をさせるためには、弓と弦の間にどのような摩擦力を働かせるかがポイントです。バイオリンの弓の中で弦と接する部分は馬の尾の毛でできていますが、そのままでは弦を擦ってもほとんどバイオリンは鳴りません。そこで松脂《まつやに》を馬の毛に塗ってしばらく弾くと、弓と弦の間の摩擦力が一定の大きさに近付くようになります。そうすると、良い音が出るようになります。馬の毛と松脂が使われるのは、弓との間に適当な摩擦力が働くからだと考えられます。またヘルムホルツ振動の振幅は弦の長さ、基本周波数、擦弦位置と弓の速度だけで決まります。決して、弓を強く弦に擦りつけても良い音は出ません。かえって摩擦が大きくなり過ぎ、ヘルムホルツ振動が壊れて、鋸の目立てのような音になってしまいます。

（松川宏）

Q37 摩擦は産業技術にどんな影響を与えるの？

摩擦は経済・産業技術に大きな影響を与えます。摩擦を減らすとその効果は年間一〇兆円以上に達すると言われているほどです。機械を構成している部品間の摩擦を減らすと、摩耗や破壊が減少するため、部品交換にかかる費用、故障の波及損失、設備投資の費用が節約できます。摩擦で発生する熱も減らせます。このように摩擦を低く抑えると、諸経費の節減だけでなく省エネルギーに貢献するのです。

今日、摩擦の産業技術への影響を語る際に欠かせないのが、ナノテクノロジーへの影響です。ナノテクノロジーは、二〇世紀末から発展が著しい微細加工・合成・計測技術の総称です。ナノテクノロジーを用いると、原子や分子を高精度に基板上に並べてナノサイズの素子を作ったり、分子をキャリアとして薬を運搬するドラッグデリバリーシステムという特殊な薬を作ったりすることができます。半導体微細加工法を駆使して作製された、一㎛（一〇〇〇分の一㎜）のモーターを高速回転させたり、一㎛のお箸を作ってＤＮＡをつまんだりすることもできるようになります。ナノテクノロジーでマイクロマシンやナノマシンを作って自由に動かすことができれば、あらゆ

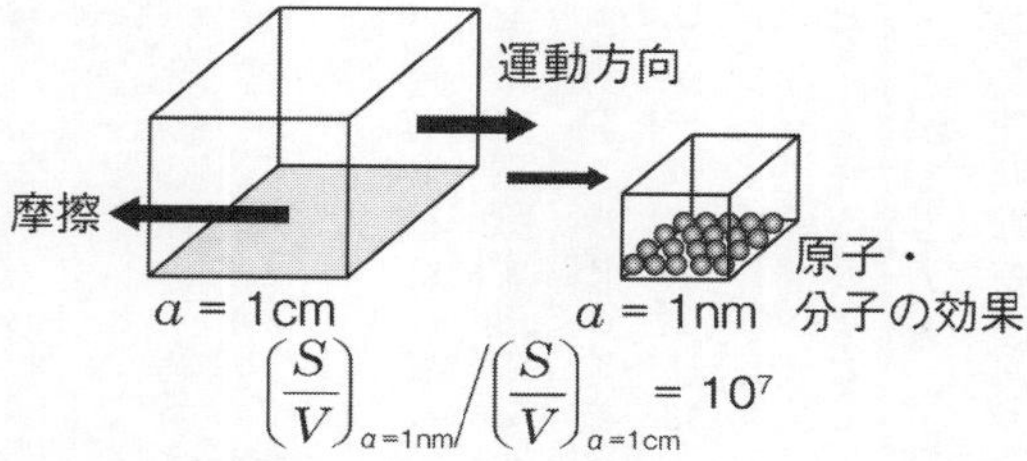

図 37 − 1　物体のサイズ効果。一辺 1cm の立方体が 1nm になると、接触面積 / 体積は 1000 万倍に増加する

る素子の省スペース・省エネルギー化の夢が広がります。しかし実際はそうはうまくいきません。たとえば、マイクロメートルのお箸の先端部は一μmしか間隔が空いていません。何かの拍子で箸の先端どうしが衝突すると、貼りついてしまうことがあります。またマイクロメートルのモーターの場合も同様に、モーター可動部が下地の基板に貼りついたり、摩耗で削れたりしてしまうと、二度と回転できなくなってしまいます。

この理由は以下のように説明できます。私たちの住む世界で物体の運動に強く影響を与えている力の一つに、地球から受ける万有引力、つまり重力があります。この重力は同じ物質なら体積に比例する力です。ここで机の上に置いた物体のサイズを小さくすると、重力の効果はどうなるかを考えてみましょう。

たとえば一辺一cmの立方体形状の物体を一辺一nmまで縮小してみます。この時立方体と机との接触面積と体積との比率を考えると、一〇の七乗倍、つまり一〇〇〇万倍にも増加します（図

37―1）。これはナノメートルの小さな世界では表面積の効果が極めて大きくなり、体積の効果が無視できるほど小さくなることを意味しています。ですから小さな世界では重力の効果は無視できるほど小さくなるのです。逆に、摩擦力や凝着力は表面を介して働き、接触面積を反映する力ですので、表面効果が極めて大きな世界では、摩擦や凝着の効果が支配的になるのです。

しかも物体のサイズが小さくなるほど表面上の原子・分子の効果がはっきりと現れるため、原子と原子、分子と分子の間に働く力の効果が大きくなります。つまりナノスケールの世界とは、原子や分子の間に働く力に由来する、とても摩擦の大きい世界なのです。そのため小さな物体は、私たちが見慣れているメートルの世界の物体とは違った運動の仕方をします。この摩擦の大きい世界で摩擦を小さくする方法を探すこと、逆に大きな摩擦を利用する方法を探すことがいわばナノテクノロジーの使命と言えるでしょう。

このように摩擦の制御は、ナノテクノロジーによる微細機械の設計指針にも関わるため、産業技術に多大な貢献をするのです。（佐々木成朗）

Q 38 摩擦を減らすと車の燃費はどのくらい良くなるの？

最近の軽自動車や小型車のガソリン燃費改善競争は熾烈で、燃費が1ℓ当たり三〇㎞を超える車が増えてきています。その技術の一つに摩擦低減があります。ここでは、自動車の摩擦低減と燃費改善効果の関係をお話しします。なぜ日本車の燃費が、世界の中でも優れているのかご存じでしょうか？

まず、ガソリンが燃焼したときに発生するエネルギーがどのように使われているかを考えてみましょう。いま、時速六〇㎞で走行している車が出すエネルギーの内、機械的なエネルギーには三八％、車の巡航には二一・五％しか使われていません。一方、エンジン部では巡航を妨げる摩擦に一一・五％も消費されていますので、摩擦を減らせば、そのまま燃費改善につながるはずです。ここが、摩擦低減技術者の腕の見せ所です。摩擦を減らして小型エンジンに変更すれば、さらに大きな燃費改善につなげることができるからです。

摩擦を低減する技術は、潤滑、設計、材料の三つの技術（LuDeMa）で成り立っています。潤滑の面では、摩擦を極限まで下げるために潤滑油（エンジンオイル）の粘度を下げてサラサラにして、滑りやすくするための添加剤の改良が進められています。設計面では、部品の表面の粗さを小さくするために、種々のラッピング機械で鏡面化仕上げした摺動《しゅうどう》面が使われています。材料面では、滑り合う部品材料が、鉄系からセラミックス（窒化ケイ素）、硬質コーティングへと変遷してきました。この硬質コーティングは厚さが数μmの薄膜で形成されており、腕時計のフレームにも使われています。

　コーティングには金色の窒化チタンや、黒色のDLC（ダイヤモンドライクカーボン）と呼ばれる硬質炭素膜がよく使われています。DLC膜は、他の材料に比べて摩擦を大きく低減でき、DLC膜の種類とエンジンオイル添加剤を上手く選ぶと摩擦を五〇％も低下させることができます。図38―1が実際に量産されているエンジンの一例です。バルブリフターとピストンリングと呼ばれる部分にDLCを採用すること

図38－1　DLCコーティング部品で作られた最新のエンジン部品

で、燃費が二%程度改善しています。

最後に、究極の摩擦低減研究事例を紹介します。潤滑油にオリーブオイルの主成分であるオレイン酸を一滴たらして摩擦を試験機で測定した結果、水素を含まないＤＬＣ膜で摩擦係数が〇・〇一以下の超潤滑状態が達成されることが分かりました。この値は、人間の瞼《まぶた》と眼球の間の摩擦係数やよく滑る状態のスケートの摩擦係数とほぼ同じレベルです。この特性が、エンジンのすべり部品に適用されれば、現在のエンジンの摩擦を一〇分の一以下まで減少させることも夢ではありません。（加納眞）

Q39 ロケットエンジンに使われる潤滑技術とは？

日本が独自の技術で開発したH‐2ロケット（一九九四年初号機打上げ）では、約二〇年間かけて研究開発した高性能な液体ロケットエンジン（LE—7とLE—5A）が用いられました。LE—7は推力一〇〇トン級の第一段用エンジン、LE—5Aは推力一二トン級の第二段用エンジンです。推進剤（燃料）は極低温の液体水素（沸点二〇K）と液体酸素（沸点九〇K）です。

ロケットエンジンでは、タンク内部の液体水素と液体酸素を、エンジンのターボポンプで約三〇〇気圧もの高圧にして燃焼器で燃焼させます。この高圧燃焼ガス（主に水蒸気）がノズルから噴き出して、数百トンの巨大なロケットを宇宙に向けて打ち上げます。燃料を高圧にするターボポンプは、エンジンのまさに心臓部と言えます。

ここで高圧を得るには、液体水素の密度が〇・〇七g／cm³と小さいため、液体水素ターボポンプの回転数は毎分五万回転にもなります。そのため、高速回転軸を支える軸受には、優れた高速性能と高い耐久性が要求されます。もし軸受が故障すれば、エンジンの爆発など大事故につながります。ここでは、エンジン開発には欠かせない液体水素ターボポンプの極低温・高速軸受の潤滑技術について説明します。

LE―7エンジンでは、軸受の高速性を示すdn値（軸受の内径（mm）×毎分の回転数（rpm））は二〇〇万（40mm × 50000rpm）にも達し、ジャンボジェット機のエンジンの高速軸受と同じレベルです。しかも世界中で開発が進んでいる次世代エンジンのターボポンプのdn値は三〇〇万にも達しています。日本では、二〇〇一年に軽いセラミックスの Si_3N_4（窒化ケイ素）玉を用いた軸受（ハイブリッドセラミック軸受）を開発して、世界に先駆けてdn値が三〇〇万（25mm × 120000 rpm）の超高速を達成しています。この日本製の Si_3N_4 玉は、スペースシャトルのターボポンプの改良軸受にも採用されました。

ジェットエンジンの軸受は油で潤滑できますが、ロケットエンジンの場合、極低温下では油が固化するので、軸受の潤滑に油が使用できません。では、どのようにすれば極低温・高速軸受を潤滑できるのでしょう？　それには以下のようないくつもの仕組みが関わっているのです。

軸受の玉は、保持器（図39―1）のポケットの中に配置されています。保持器は液体水素中でも摩擦が小さいフッ素樹脂（ＰＴＦＥ：テフロン）製ですので、玉とポケットが接触すると、保持器から玉の表面に薄いフッ素樹脂膜が移着して油のように軸受を潤滑します。たとえば、摩擦が大きい箇所をロウソクで擦《こす》ると、滑らかにすべるようになります。このロウソクの役目をする

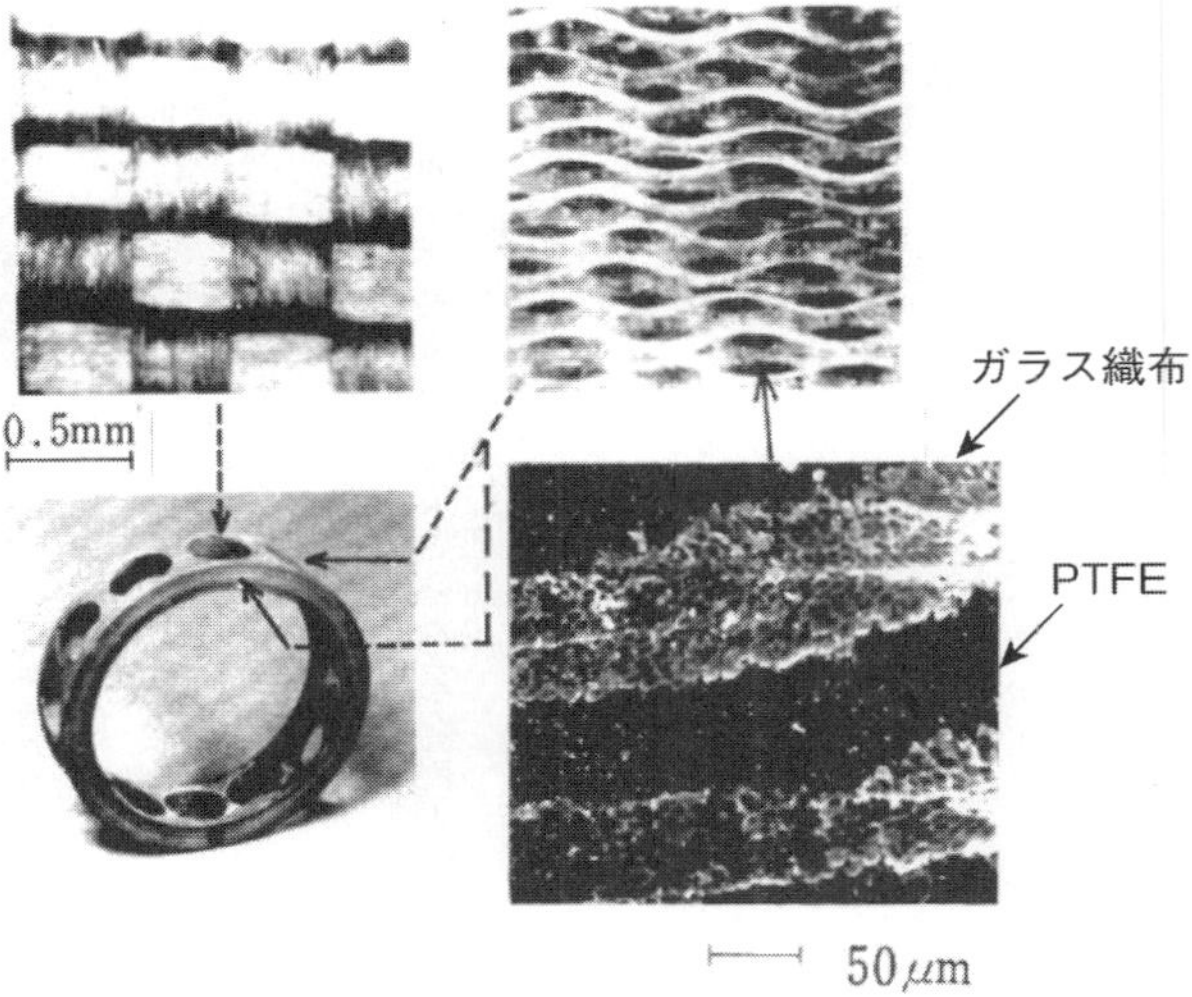

図 39－1　ガラス織布積層強化 PTFE 保持器

のがフッ素樹脂製の保持器なのです。

しかし保持器を強化するのに用いられるガラス繊維の研磨作用が、潤滑性を逆に悪くしてしまうので、スペースシャトルのエンジンでは、長年にわたり軸受の異常な摩耗トラブルが発生しました。そこで日本では、保持器の表面のガラス繊維を溶かして滑らかにする表面処理技術を開発し、軸受の摩耗トラブルをいち早く解決することに成功しました。その理由は、溶けずに残った CaO（酸化カルシウム）が、フッ素樹脂のフッ素（F）と摩擦化学反応を起こして、潤滑性に優れた CaF_2（フッ化カルシウム）膜に変化したことによります。偶然ですが、摩擦界面で水素の還元作用により CaF_2 潤滑膜が形成されていたのです。

また、従来の真円形状のポケットでは、摩耗トラブルが多発しました。そこで、玉とポケットの接触を軽くできる平円形状のポケットの保持器を開発して、摩耗トラブルをいち早く解決しました。以上お話ししたように、ちょっとしたアイディアが、液体水素ターボポンプの高速性能を世界トップレベルに高めたと言えます。今日、ロケットの液体水素技術は、水素を用いた再生可能エネルギー技術としてさらなる発展が期待されています。（野坂正隆）

Q 40 地震で断層滑りが起きるのはなぜ？

日本に住んでいて地震を経験したことのない人はまずいないでしょう。では、なぜ地面が揺れるのか、考えてみたことはありますか？

たとえばプールに入って水の中で動くと、その動きは波になって伝わっていきます。同様に、「地下で何かが動いてその波が地表まで伝わってきたものが地震だ」と考えることができるので、昔の日本人が「地底に棲んでいる巨大ナマズが暴れると地震が起こる」と考えたのも、このような類推だったかもしれません。もちろん地下に巨大ナマズは棲んでいないので、地下の岩石そのものが動いているのに違いありません。とすると、岩石に力が加わるとどのように岩石が動く（変形する）のかを知ることが重要です。

いま、岩石に図40―1のような力が加わっているとしましょう。上下左右の力が全て同じだと、どんなに力が強くても岩石はほとんど変形しません(a)。では、上下の力と左右の力の大きさを変えてみたらどうでしょう？　岩石は少し変形しますが、力を抜いたら元に戻ってしまいます(b)。力の差をもっと大きくしていくと、(c)のように新しく表面ができて、その面を境にして互い

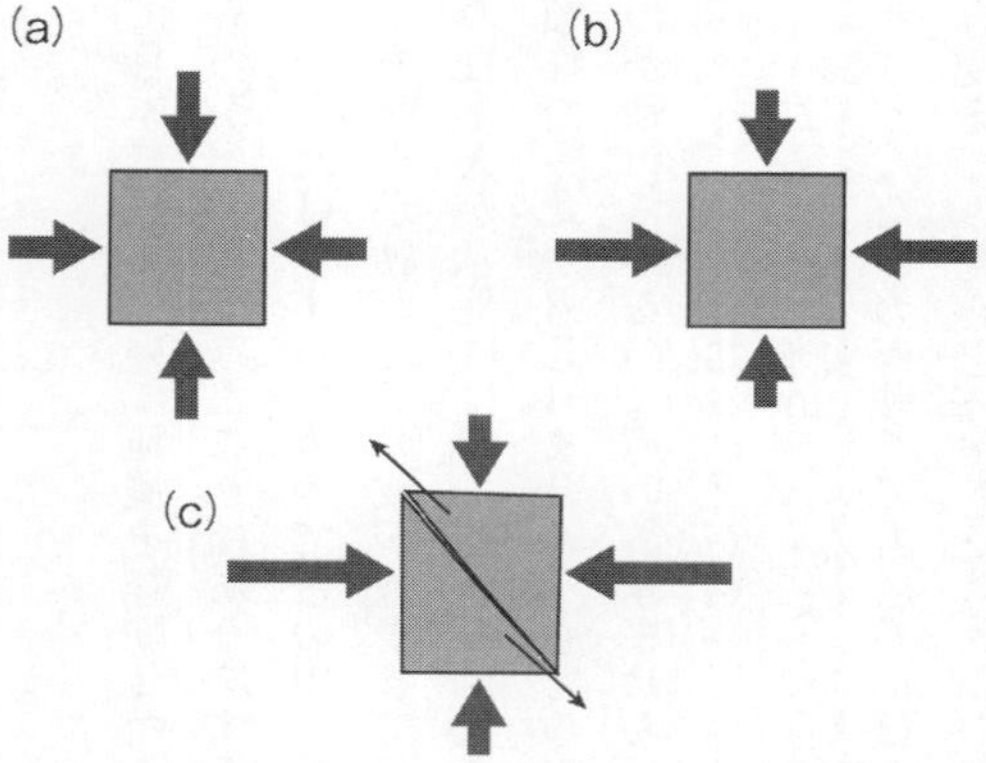

図40－1　岩石が受ける力と変形

違いに滑って壊れてしまいます。この面が断層です。断層を境にして互い違いに滑る運動は地中に波を起こします。この波が地表まで伝わっていく現象が、地震です。断層の運動は地下で起こるので、実際に目にすることはできません。しかし、断層の滑りがたまに地表まで達することがあるので、その場合は断層の変形を直接見ることができます。たとえば、一九九五年の阪神大震災で地震を起こした野島断層のズレの様子は、淡路島の「野島断層保存館」で見ることができます。

二〇一一年の東日本大震災でも、断層の滑りが海底面まで達しました。すると海水にも急激なズレの運動が生じます。凹凸になった海面は平らになろうとして凄い勢いで周囲へ流れていきます。これが津波です。津波も断層の滑りが原因なのです。

では、地震の揺れの強さと津波の大きさの間には何か関係があるのでしょうか？　実は、地面はあまり揺れないのに大きな津波が来るような地震もあります。たとえば、大津波で二万人以上が亡くなった明治三陸沖地震（一八九六年）も、地面の揺れはさほど大きくなかったことが知られています。津波が大きいということは海底の変形量が大きい、つまり断層が大きく滑ったということです。では、断層が大きく滑ったのに地面があまり揺れないのはどうしてでしょう？　再び、プールの波を思い出してください。プールの中を速く走ろうとするとたくさんの波が出ますが、ゆっくりと動けばあまり波は生じませんね。地震の場合も、断層がゆっくり滑れば、たとえ変形が大きくても地面はあまり揺れないのです。つまり、地震の揺れは断層滑りのスピードが決めているのです。

では、断層滑りのスピードはどのようにして決まるのでしょうか？　この問いに対する答えが摩擦です。断層が滑り運動する際には摩擦力が生じますが、これは断層運動に対するブレーキとして働きます。このブレーキが弱ければ断層は急激に加速されます。また、単純な強さ弱さだけでなく、速さとともに摩擦力がどう変わるかも大事です。たとえば、滑りが速くなればなるほど摩擦が小さくなれば、断層の運動も速くなり、逆に断層の滑りが速くなるほど摩擦が大きくなるのであれば断層はジワジワ滑ります。

さてここまで読んできて、「待てよ、断層に働く摩擦力なんてどうやって測るんだ？」と思われた方もいるでしょう。この疑問はもっともで、断層に働く摩擦力を直接測ることはできません。実験室で岩石を滑らせてみて、断層でもそうなっているのだろうと仮定しているだけなのです。「地震が断層の滑りであり、その滑り方にはいろいろなバリエーションがある」ことまではいろいろな観測によって分かってきたのですが、観測結果を摩擦力の性質に基づいて説明することはこれからの課題なのです。（波多野恭弘）

第5章

環境・エネルギーの表面科学

Q41 自動車の排ガスをきれいにする触媒のヒミツ

二〇世紀は自動車の時代と言っても過言ではありません。T型フォードに始まった大量生産技術によって大衆の足として大きく発展してきました。国が発展するとともに自動車が増え、それに伴って今度は排気ガスによる大気汚染が問題になってきました。それを解決するには、効率の良いエンジンを開発することとともに、排気ガスから有害成分を除く技術を開発するしかありません。そのため燃料電池車や電気自動車に大きな期待がかかっていますが、その普及には多くの課題が残っています。

現在主流のガソリン車からは、三種類の有害ガス（炭化水素、一酸化炭素（CO）、窒素酸化物（NOx））が排ガスとして放出されます。炭化水素は燃え残りであり、COはこれが不完全燃焼したものです。事務所衛生基準の五〇ppm以下を実現するために、炭化水素とCOは酸化して二酸化炭素や水として、またNOxは還元して窒素と酸素に無毒化して大気中に排出しなければいけません。この無毒化に欠かせないのが触媒です。

触媒は、特定の化学反応の反応速度を高める物質で、自分自身は反応の前後で変化しない特徴

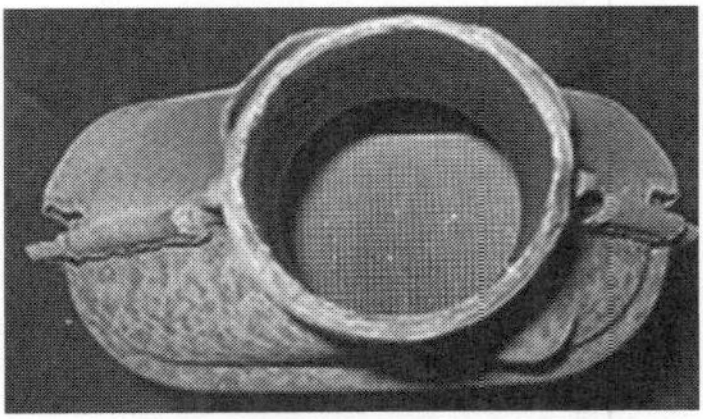
図41－1　自動車の触媒コンバータ

を持ちます。ガソリン車の排ガス浄化に使用されている触媒は、白金（Pt）、パラジウム（Pd）、ロジウム（Rh）というとても高価な貴金属です。反応はこれら貴金属触媒の表面でしか起こりませんから、同じ重さの触媒をできるだけ効率よく働かせるためにとても細かい微粒子にして使います。しかし、微粒子の表面はとても活性が高いのですぐに微粒子同士がくっつき、表面積が小さくなってしまいます。そこで、セリアやアルミナなどの酸化物の表面に分散（担持）して使用します。これを触媒コンバータと言い、多くは自動車の排気管に取り付けられています（図41―1）。

自動車で使用される触媒の環境は、八〇〇℃前後の高温状態のため、微粒子が酸化物表面上を移動して粒成長を起こし、触媒金属の表面積が小さくなっていきます。従来の触媒は、自動車に搭載されて走行距離を重ねるに従ってその機能は徐々に低下していき、やがて規制値以下に排ガスを浄化できなくなって自動車排ガス触媒としての寿命を迎えます。このため触媒効果を長持ちさせるには貴金属量を増やすしか方法はありませんでした。

ところが、全く触媒機能が低下しない画期的な触媒（その名もインテリジェント触媒）が発明されました。これはペロブスカイト型酸化物（化学式はABO_3と記します）と貴金属Pdを複合化させたものです。

自動車を運転するときにブレーキを踏むと排ガスは酸化され、アクセルを踏み込むと還元される、という繰り返しが起こっています。つまり、高温排ガスの中で触媒は酸化―還元で酷使されており、貴金属微粒子はお互いにくっつき合って劣化していきますが、このインテリジェント触媒は、還元雰囲気では図41―2に示すペロブスカイト構造から貴金属がナノ粒子を形成して析出し、酸化雰囲気では再びペロブスカイト酸化物の中に取り込まれて（これを固溶といいます）リフレッシュします。この触媒表面の酸化還元反応による構造変化は、放射光による解析で初めて明らかにされました。これは自己再生機能と呼べるもので、従来の触媒に比べて貴金属の量を七〇％以上低減できるのです。

これら表面科学を駆使して貴金属を使用しない触媒の研究開発が行われています。（尾嶋正治）

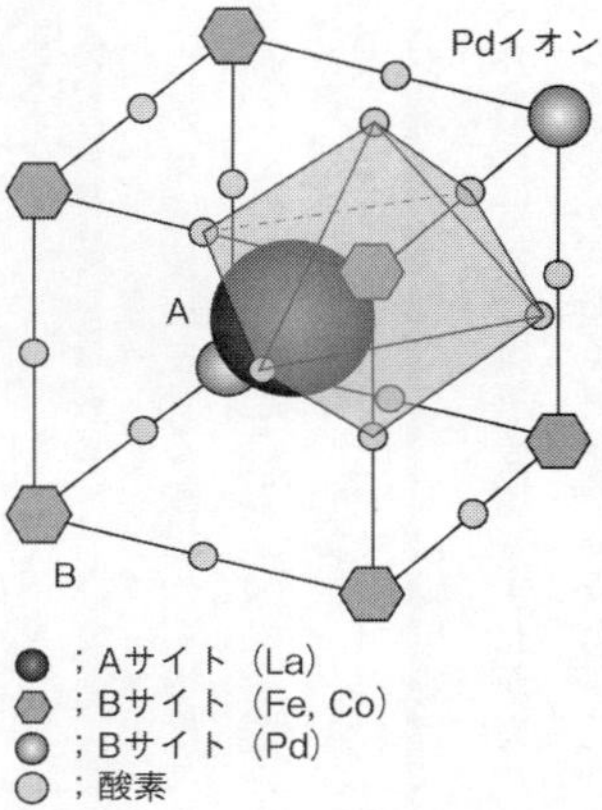

図41－2　ペロブスカイト酸化物の結晶

コラム

【ノーベル賞：ゲルハルト・エルトル——固体表面の化学反応過程の研究（二〇〇七年）】

ゲルハルト・エルトル（写真）はドイツのマックスプランク協会フリッツ・ハーバー研究所の教授でした（現在名誉教授）。ハーバーとは鉄を用いたアンモニアの触媒的合成を実現したハーバー・ボッシュ法のハーバーです。この手法は、窒素の人工的固定を実現し、人類の食糧問題の解決に大きな貢献をしましたが、その詳細な反応メカニズムを解明したのがエルトルです。彼はまた、パラジウム触媒による一酸化炭素の酸化の研究でもよく知られています。エルトルの有名な実験は、白金触媒の表面上で起こる振動反応を発見したことで、さらに、紫外線を照射して固体表面から飛び出した電子を結像

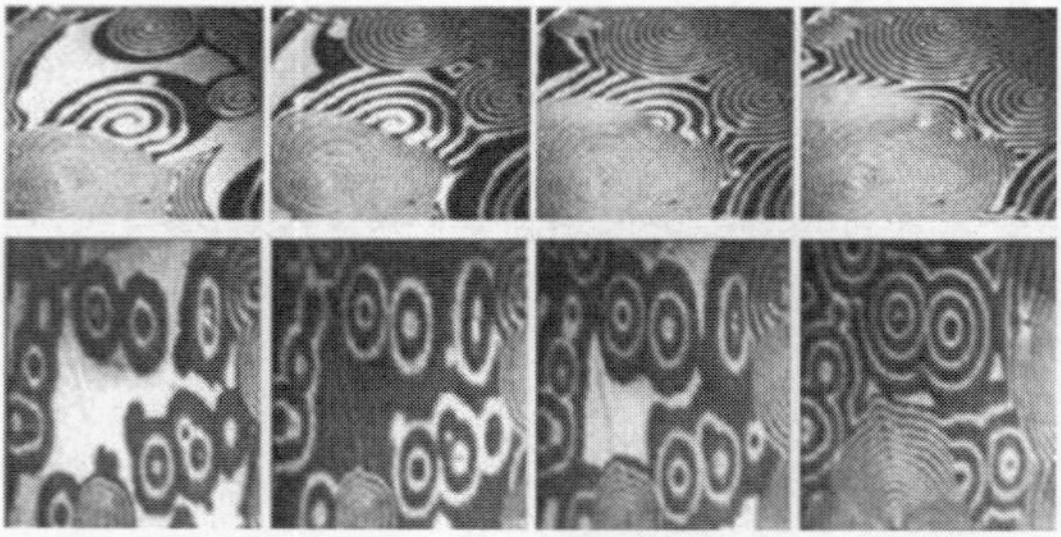

図　白金触媒表面に吸着した一酸化炭素分子の酸化領域が波として移動する様子を撮影した顕微鏡写真。白金表面に吸着した一酸化炭素分子の領域（白く見えている）と酸素が吸着した領域（黒く見えている）が時間とともに渦巻き状に広がっていく

させる光電子顕微鏡を用いて、その振動現象がソリトン波（津波のように減衰しない波）であることを初めて明らかにしました（図）。このように、前節で述べた自動車触媒中の白金が一酸化炭素を酸化する現象の奥には、複雑な一酸化炭素の酸化反応機構があったわけです。彼は「固体表面での化学過程の研究」の功績により、二〇〇七年ノーベル化学賞を受賞しました。

固体触媒の反応の解析はとても難しく、科学ではないとまで言われていました。固体表面では常に複数のしかも種類の異なる反応サイト（反応が起こる場所）が存在するので、直接分析する手法が限られていました。反応進行中に反応物、中間体、生成物の量の変化を測定して反応機構を推定する解析が主流だったのです。それに対しエルトルは光電子顕微鏡や走査型トンネル顕微鏡など最新の手法を用いて、表面化学反応を分子レベルで観測するという研究を行ってきました。エルトルの研究は触媒化学の革新的な進展に寄与するものでした。

エルトルは一九九二年オランダのハーグで開かれた表面科学の国際会議で基調講演を行いました。私はそれを聞くチャンスがあり、白金表面に吸着した一酸化炭素分子が酸化し、渦巻き状に広がっていく動画にすっかり魅せられ、表面科学の面白さに取り憑かれました。

なお、エルトルは一九九二年に日本国際賞を受賞しています。（尾嶋正治）

Q42 光が当たると環境をきれいにする光触媒!

環境浄化型の光触媒は、身の回りの多くの製品に使われています。酸化チタンなどの光触媒は光を照射することによって、大気中の窒素酸化物（NOx）を硝酸イオンに酸化して除去します。また、空気清浄器やプールのフィルターに光触媒を応用し、濾過槽に紫外線蛍光灯を用いることで、汚染物質を分解することにも使われています。この酸化作用は細菌などの増殖を抑えるため、この抗菌作用を応用した製品も数多く販売されています。また、ガラスの表面に酸化チタンをコーティングすると光照射によって超親水性が発現し、汚れが落ちやすくなったり、水滴が付きにくくなったりする性質を利用して、ホテルのお風呂の鏡や車のバックミラーにも使われており、曇らない鏡（防曇性があるといいます）として重宝されています（第1章Q1参照）。

酸化チタンは三・二eV（電子ボルト）のバンドギャップをもつ半導体です。三・二eVのエネルギーは波長三九〇nmの紫外光に近い光子のエネルギーに相当し、酸化チタンはこれより短い波長（すなわち、これ以上のエネルギー）の紫外光を吸収します。図42―1に示すように、酸化チタン粒子が紫外光を吸収すると、光励起電子と正孔（h^+）が生成し、それぞれ空気中の酸素や水からスーパーオキシドラジカル（O_2^-）やヒドロキシルラジカル（・OH）を表面に生成します。これらの活性なラジカル種が空気中の有機物を酸化して分解します。

また、光照射によって表面に生じた酸素ラジカル種が水と反応して水酸基（-OH）になり、表面が水で濡れやすくなって超親水性が発現します。

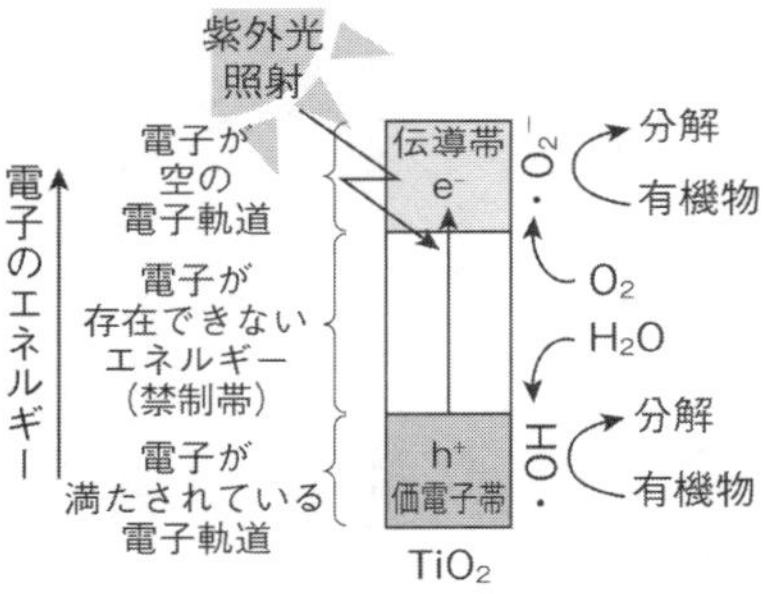

光触媒による有機物等の分解

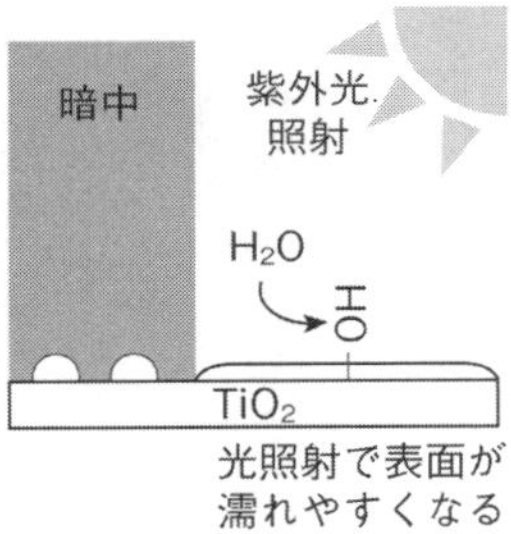

光触媒の親水性発現

図42－１　光触媒による環境浄化や親水性発現のしくみ

純粋な酸化チタンは三九〇nmより短波長の紫外光しか吸収しないので、屋内などの紫外線が少ない環境では効率よく働きません。屋内などの紫外線が少ない環境で光触媒を効率よく使うためにはバンドギャップを小さくし可視光を吸収できるように工夫する必要があります。たとえば酸化チタンに窒素をドーピング（添加）すると、白い酸化チタンがクリーム色に変わり、可視光を吸収して光触媒の機能を発現する可視光応答型光触媒になります。これは、結晶の酸素アニオンを窒素アニオンに置き換えると、窒素は酸素より軌道のエネルギーが高い（不安定な）ため、図42—1に示す光触媒の価電子帯が上がり、その結果バンドギャップが小さくなるからです。

酸化チタン以外にも可視光に応答する酸化タングステンなど光触媒材料として期待されている材料もありますが、チタン元素は地球上に豊富で安価な材料であり、酸化チタンは最もよく使われる環境浄化型光触媒です。また酸化チタンは従来から日焼け止めなど化粧品にも多く使われている材料であり、人体への影響が少ないことも多用される要因です。酸化チタンによる環境浄化型光触媒は我が国が最も技術的に進歩している科学技術の一つであり、今後の応用展開が期待されています。（久保田純）

Q43 植物のように、人工的に光合成を行うには？

光合成とは光エネルギーを用いて、低エネルギーの化学物質から高エネルギーの化学物質を合成することです。地球上の主な化学エネルギー物質、たとえば化石資源の天然ガス・石油・石炭、サスティナブル（持続可能）なバイオマス（農作物・木材）資源、これらのエネルギー源は全て太陽光であり自然界の光合成によって作られたものです。自然界の光合成は二酸化炭素と水から炭水化物と酸素を作ります。光合成を実用的な効率で、生物の力を借りず人工的に行うことは、現在の科学技術では未だ不可能ですが、近い将来に達成されると期待されています。

ここでは固体表面に深くかかわる半導体光触媒についてお話をします。人工光合成で最もシンプルなものは、半導体光触媒で水を水素と酸素に分解する方法です。水素はエンジンやタービンなど内燃機関で使え、燃料電池による発電にも利用できる最も簡単なエネルギー物質です。水分解のための光触媒は、表面に水素の発生しやすい貴金属微粒子などを付着させた半導体粒子です（図43―1）。これに光を照射すると、半導体内の電子が励起され貴金属微粒子の表面に移動し水と反応して水素を発生させます。励起された電子が抜けた分、半導体の中は電子が足りなくな

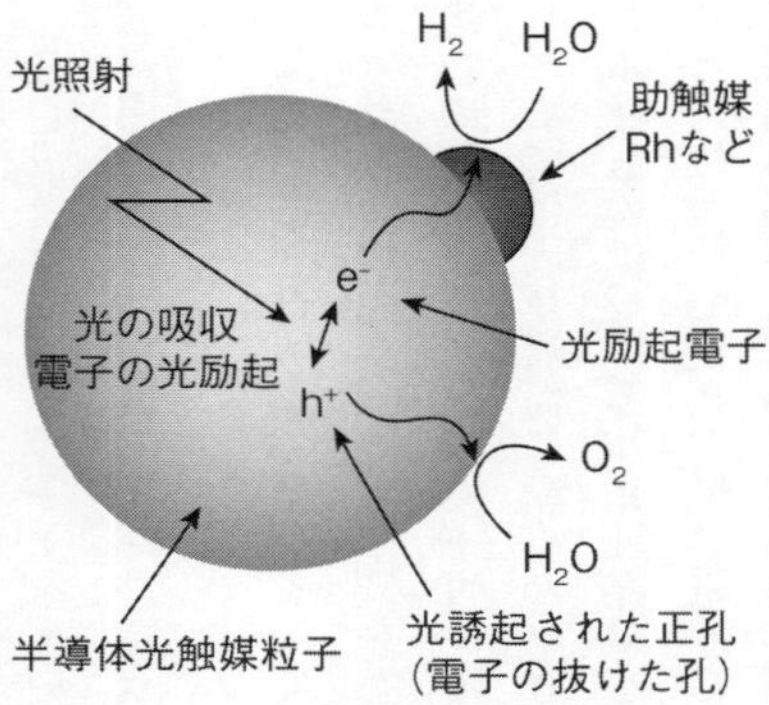

図43－1　光触媒による水分解の模式図

り、半導体表面で水が酸化され酸素が発生します（$H_2O \rightarrow H_2 + \frac{1}{2} O_2$）。常温常圧で水分子を水素と酸素に一段階で分解するためには一・二三eV（電子ボルト）のエネルギーが必要で、このエネルギーは波長一〇〇〇nmの近赤外線の光子のエネルギーに相当します。波長の短い可視光や紫外光の光子はエネルギーがさらに高いため、これらを用いればより効率的に水分解することが可能です。

現在ではすでに、波長が三〇〇nm以下の紫外線で、吸収された光子の半数以上が水分解に利用できる半導体光触媒、タンタル酸ナトリウム（$NaTaO_3$）や酸化ガリウム（Ga_2O_3）などが開発されています。しかし、三〇〇nmより短い紫外線は、地表の太陽光にはほとんど含まれていません。また最近では、酸窒化物系光触媒の窒化ガリウムと酸化亜鉛の固溶体光触媒

(GaN:ZnO) が開発され、波長五〇〇nm程度までの可視光（青い光）を用いて水から水素と酸素を作れるようになりました。ただし、太陽光エネルギー変換効率は現在約〇・二％であり、市販の太陽電池の約一〇％と比較すると、実用化には更なる開発が必要です。

また、半導体を二段にして、二段階の光励起を用いるZスキーム型と呼ばれる方法も開発されています。自然界の光合成も二段階の光励起により起こっていることから、有効な方法であると注目されています。二個の光子のエネルギーを足して使うため反応は進行しやすい一方、一段階の光触媒システムの倍の数の光子が必要です。

自然界のように水ではなく二酸化炭素を還元してエネルギー物質を作ることも盛んに研究されています。温室効果の原因になっている二酸化炭素を光触媒で一酸化炭素に還元する方法などが見つかっていますが、メタノールなど有用な化学エネルギー物質を得ることが最終目標です。また、メタノールだけを選択的に得る方法は開発されておらず、今後の研究が期待されます。

（久保田純）

コラム

【ノーベル賞：フリッツ・ハーバー——アンモニア合成法の開発（一九一八年）カール・ボッシュ——高圧化学的方法の発明と開発（一九三一年）】

ハーバー（写真左）とボッシュ（写真右）はハーバー・ボッシュ法によるアンモニア合成法の発明の功績が認められ、一九一八年にハーバーがこの合成法の開発で、一九三一年にボッシュが高圧化学法の開発でノーベル化学賞を受賞しています。当時、人口が世界的に急増し、食糧問題が顕在化していました。植物は窒素、リン酸、カリウムが主な養分で、窒素肥料となるアンモニウム塩や硝酸塩は農作物の大量生産には不可欠です。当時は、アンモニアを大気の主成分の窒素から生産する方法は極めて効率の悪い高電圧放電法しかなく、窒素源はチリ硝石（硝酸ナトリウム）など、主に南米で採掘される鉱物資源に依

存していました。

窒素と水素からのアンモニア合成は、不活性な窒素を反応させるため触媒を用いても高温でしか進行せず、また発熱反応であるため、高温では化学平衡は原料側に偏り、生成物はほとんど得られません。当時は工業的に製造することは不可能とされていました。

ハーバーは古くからアンモニア合成の研究をしていましたが、一九〇八年にドイツの化学会社ＢＡＳＦ社と共同研究を始め、ボッシュとミタッシュの二人の若手研究者を迎えて研究を行っていました。ハーバーのアンモニア合成の物理化学的知識と、ボッシュの高圧化学技術、ミタッシュによる二重促進鉄触媒の開発が融合され、アンモニア合成はハーバー・ボッシュ法として一九一二年に確立され、翌年から工業生産が始まりました。活性の高い

1913 年当時のアンモニア合成反応容器

触媒による反応の低温化と、高圧反応による化学平衡の生成系側へのシフトが成功の鍵となりました。前ページに当時使われたアンモニア合成反応容器を示します。

アンモニアから硝酸を製造することは以前から可能でしたので、ハーバー・ボッシュ法により、人類は空気中の窒素と化石資源の改質による水素（あるいは水電解からの水素）からアンモニア・硝酸の大量生産を始められるようになりました。彼らの功績は当時、「空気からパンを作った」と称賛されました。アンモニア生産量は、この後、増加の一途を辿り、この増え方は世界の人口増加に類似しています。現在、アンモニア合成は人類の食糧を支えています。一方で、硝酸塩は火薬の主成分であり、一九一四年から世界は第一次世界大戦へと突入していきました。（久保田純）

Q44 燃料電池になぜ触媒が必要なの？

固体高分子形燃料電池（ＰＥＦＣ：Polymer Electrolyte Fuel Cell）は主に水素を燃料とした、八〇℃前後で動作する低温型の発電デバイスです。水素と酸素から発電をして水のみを排出する非常にクリーンな装置です。また電池なので機械的な動作部はなく、無音、無振動で小型化が可能です。

現在、ＰＥＦＣは家庭用燃料電池システム（商品名：エネファーム）に使われ、普及が進んでいます。燃料によって異なるものの、火力発電はエネルギーの三〇～六〇％の電力しか得られず、残りは廃熱となります。もし各家庭で発電できれば廃熱を給湯に利用でき、エネルギーを無駄なく利用できます。家庭用燃料電池では、家庭に供給される都市ガスや液化石油ガスを触媒反応器で水素に変換して燃料として使用しています。このときに二酸化炭素を排出しますが、廃熱まで利用するためトータルでは省エネに貢献します。さらに、ＰＥＦＣは燃料電池自動車に用いることが期待されています。これは車に積んだ高圧水素タンクの水素でＰＥＦＣによって発電し、モーターで走行する電気自動車です。航続距離もガソリン車と同等で、国内外の自動車メーカーは二〇一五年頃には市販すると発表しています。

ＰＥＦＣは、固体高分子電解質（アイオノマー）を燃料極（アノード）と空気極（カソード）で挟んだ構造をしています（図44―1）。アノードは水素を酸化して水素イオンに変え、このとき電子を放出します。水素イオンはアイオノマーの膜の中を拡散し、カソードでは電子を受け取って空気中の酸素が水素イオンと還元反応を起こし、水が生成します。アイオノマーは薄いプラス

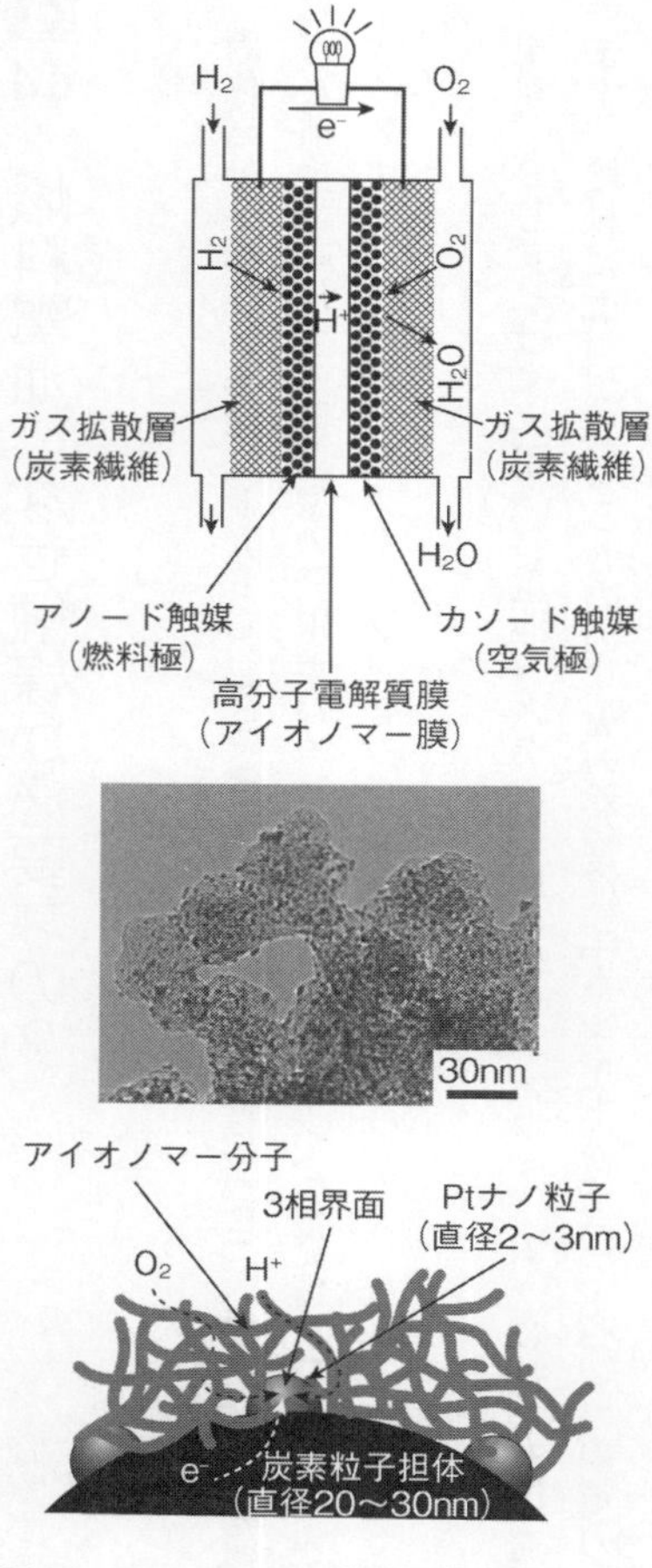

図44－1　PEFCの模式図（上）、カソード触媒Pt/Cの透過電子顕微鏡像（中：黒い粒がPtナノ粒子）と実際の電池の中での表面の状態の模式図（下）

チックの膜状で、硫酸に似たスルホ基が高分子中にあるために水素イオン伝導性があります。アノードは水素分子から水素イオンを、またカソードは酸素分子と水素イオンから水を作る化学反応を速やかに行うために、これらの反応を促進する白金（Pt）触媒を両極の電極触媒として用いています。白金は高価な材料であるため、なるべく少量の白金で大表面積を得るように、二nm程度まで細かくしたナノ粒子を炭素粒子上に付着して用います。

常温で一気圧の水素と酸素からは、理論的には一・二三Vの電圧が得られますが、実際のＰＥＦＣでは無負荷で約一・〇V、運転時には約〇・七V程度の電圧しか得られません。理論値より低い分がエネルギーの損失分です。この損失の主な要因はカソードにおける酸素の反応が遅いことによるものです。電極触媒による反応は、白金と酸素とアイオノマー（水素イオン）の三つが接する界面（固相・気相・液相の三相界面）近傍でのみ起こるため、いかに十分な触媒反応場を作るかが重要です。一方このカソードには、反応速度の遅い酸素還元反応を促進させるために多量の白金が必要なことがＰＥＦＣの欠点です。普通乗用車には約一〇〇kWの電力が必要なため、現在では一〇〇gの白金が使われています。しかし白金は世界で年に二〇〇トン程度しか産出されない希少で高価な金属ですから、このままの使用量では燃料電池車の普及を妨げます。そのため、世界中で白金量の低減や白金代替触媒の開発競争が行われているのです。（久保田純）

Q45 白金に替わる驚異の触媒とは?

白金は錆ずに美しい輝きを持つため、指輪など装飾品として多く使われています。一方、白金を原子として考えると、電子軌道のうちのd軌道の電子を多く持っています。そのため、化学反応を促進する優れた触媒としての需要が高く、現在では白金の約八割は触媒(主には自動車の排気ガス浄化触媒)として使われています。

白金はおよそ七割が南アフリカで産出され、約一五%はロシアで掘られています。つまりこの二ヵ国で全世界の白金産出量二〇〇トン/年の八割をまかなっている、というまさに希少金属です。日本は年間一〇トンを輸入しており、化学工場の触媒や車の排気ガス中の有害成分を除去する触媒に使われています。また、燃料電池用の触媒として白金触媒は不可欠です。前節で述べたように、自動車や家庭用燃料電池には固体高分子電解質膜が使われており、約一〇〇℃という低い温度で酸素分子の還元反応を起こす必要があるため、効率の高い触媒が必要になります。

燃料電池は、水素と酸素をうまく「燃焼」させ、電気を取り出すシステムで、ちょうど「水の電気分解」の逆反応です。まず燃料極で水素分子が水素イオン(プロトン、H^+)と電子に分解され、電子が導線を通って空気極に流れることで電流が発生します。水素イオンは電解質の中を通って空気極側へ向かい、空気極の白金触媒上で酸素分子および導線を通ってきた電子と反応して水になります。白金は高価（一gが約五〇〇〇円）で、さらに資源量に限りがある、という大きな問題をかかえています。そこで、使用量を一〇分の一に減らした白金コアシェル触媒（表面の薄皮は白金原子で中のあんこはコバルトなど）や、全く白金を使わないカーボン触媒やタンタル、ニオブの酸窒化物の開発が全世界で行われています。

このカーボン触媒には不純物として窒素と鉄がそれぞれ一％程度含まれています。面白いことに純粋なカーボンだけでは燃料電池の発電性能は極めて低いのに対して、うまく窒素や鉄の化学構造、結合の様子を制御すると白金の性能に近い発電性能が得られることが分かってきました。炭素と窒素や鉄不純物だけでできた単純な化合物が触媒活性を持つなどとは誰も予想しておらず、その機構も謎に包まれていました。しかし、放射光を使った表面科学がこの謎をみごとに解き明かしたのです。

カーボン触媒は炭素が蜂の巣状につながったグラファイト状構造をしており、ところどころに窒素原子が組み込まれています。そこで、光電子分光法を用いて窒素原子の結合状態を調べたところ、窒素が炭素骨格のどこに入っているかを明瞭に区別することができました。すなわち、グ

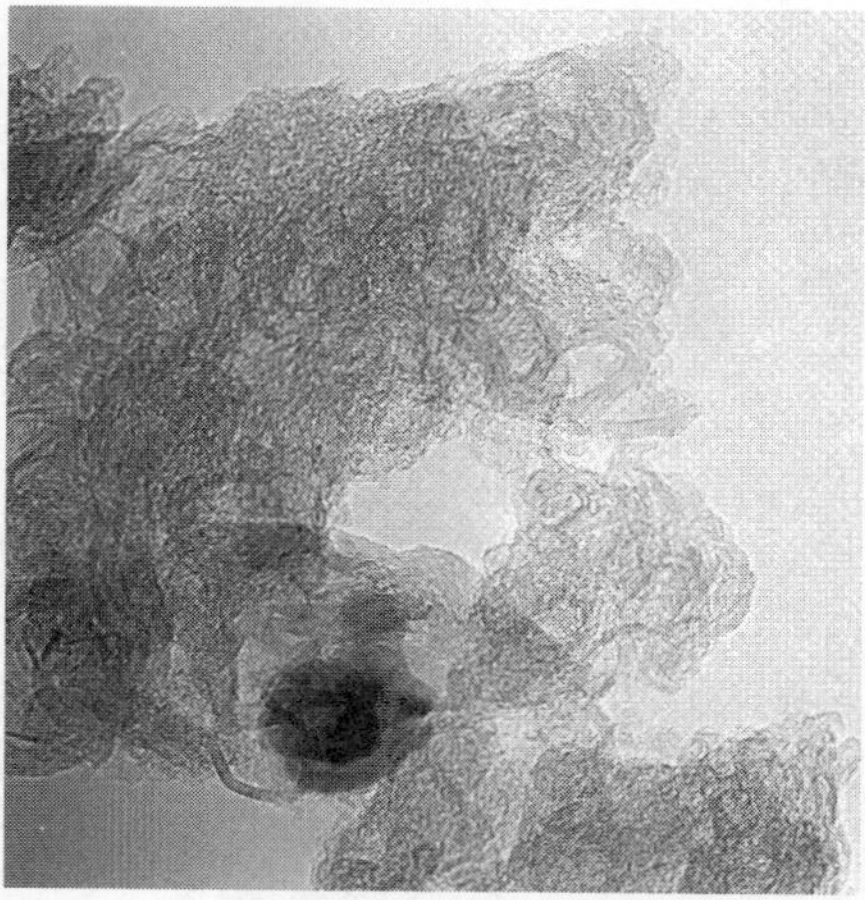

図45－1　燃料電池用カーボン触媒の電子顕微鏡写真

ラファイト状構造の端、特にジグザグエッジに窒素を多く入れた触媒を用いると発電特性が向上することを突き止めたのです。これは、第一原理計算という量子化学計算によって予言された結果を裏付けたものです。

一方、鉄不純物は図45―1の電子顕微鏡像に示すように、グラファイト状の炭素が作る二〇nmサイズのリング状ナノ構造の真ん中に存在しています（濃い部分）。このカーボン触媒の粉末に酸素をくっつけようとしても、鉄不純物には酸素が吸着しないため、酸素と水素から水を生成する触媒の役目を果たしていない、と考えられていました。しかし、実際にミニ燃料電池を作り、発電中に放射光を照射して鉄不純物から放出（発光）されるX線のエネルギー分析を行ったところ、カーボン触媒は酸性溶液に触れたために酸化されており、この酸化された鉄不純物に酸素がくっついて水を生成し、発電していたことが初めて明らかになりました。すなわち、窒素も鉄も両方が働いて燃料電池反応を促進していたのです。

白金は自動車の排気ガス浄化触媒にも多く使われています。現在、排気ガス触媒をこの非白金触媒で置き換えようという研究も盛んに行われています。

ありふれた元素で、希少金属を代替させる技術とはまさに二一世紀の日本を支えるもので、現代の錬金術と言えます。この開発に表面科学が大きな貢献をしている、というわけです。

（尾嶋正治）

Q 46

太陽電池の変換効率はどこまで上がるの？

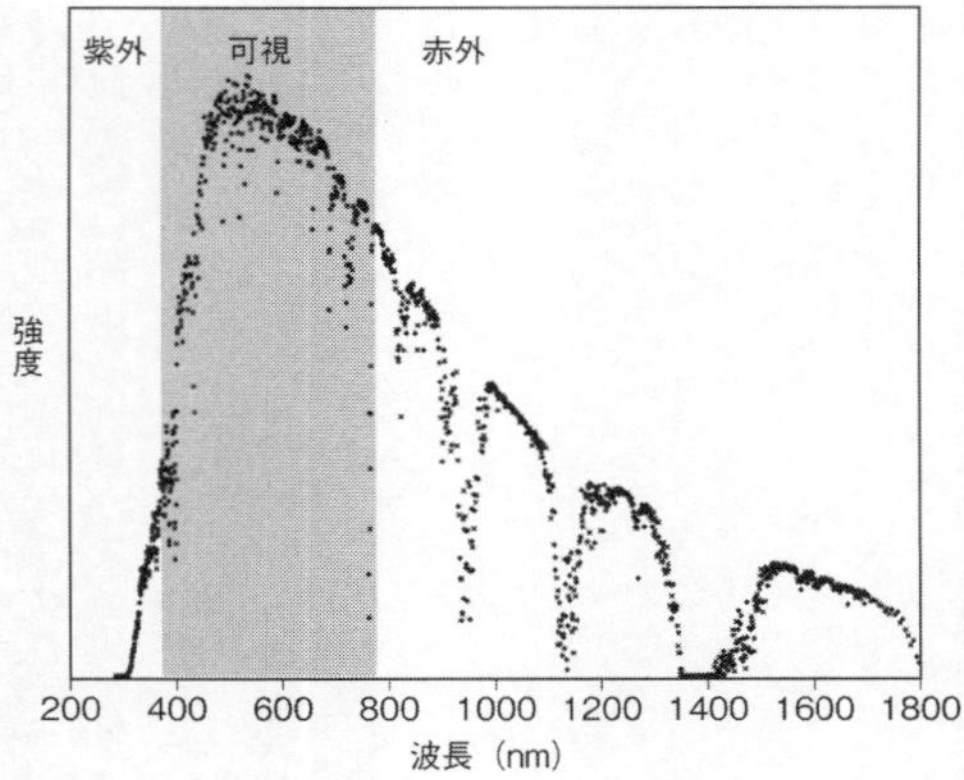

図 46－1　太陽光のスペクトル

太陽電池は太陽から地球に降り注ぐ光のエネルギーを電子のエネルギー（電気エネルギー）に変換する装置で、半導体でできています。太陽光のスペクトルは図46－1に示すように、いろいろな波長を持つ光の集まりです。太陽光には人間の目に見える可視光だけでなく、高いエネルギー（短い波長）を持った紫外線や、逆にエネルギーの低い赤外線も含まれています。ところが、太陽電池は使用する半導体の種類によって出力電圧（電子のエネルギー）が異なっており、効率良く電力に変換できる光の波長が決まっています。

現在よく使われているシリコン（Si）の太陽電池

の場合、出力電圧は一V以下であり、近赤外光を効率よく変換します。このSi太陽電池に高いエネルギーを持つ紫外線や青色光が当たってもエネルギーの大部分は熱になって失われてしまいます。それでは、出力電圧の高い半導体を使って太陽電池を作れば良いかというとそうでもありません。一般に出力電圧の高い半導体はエネルギーの低い光を透過させてしまう性質があり、長波長の光を電力に変換することができません。このため、太陽電池の変換効率には理論的な上限となる値が決まっています。Si太陽電池の場合、理論効率は二九％程度と言われていますが、既に限界に近い二五％以上の変換効率を持つ太陽電池が試作されており、これ以上の大幅な性能向上を期待するのは難しくなっています。

　この問題を本質的に解決するために、数種類の太陽電池を組み合わせたタンデム型太陽電池というものが提案されました（図46—2）。タンデム型太陽電池とは、出力電圧の異なる数種類の半導体の太陽電池を直

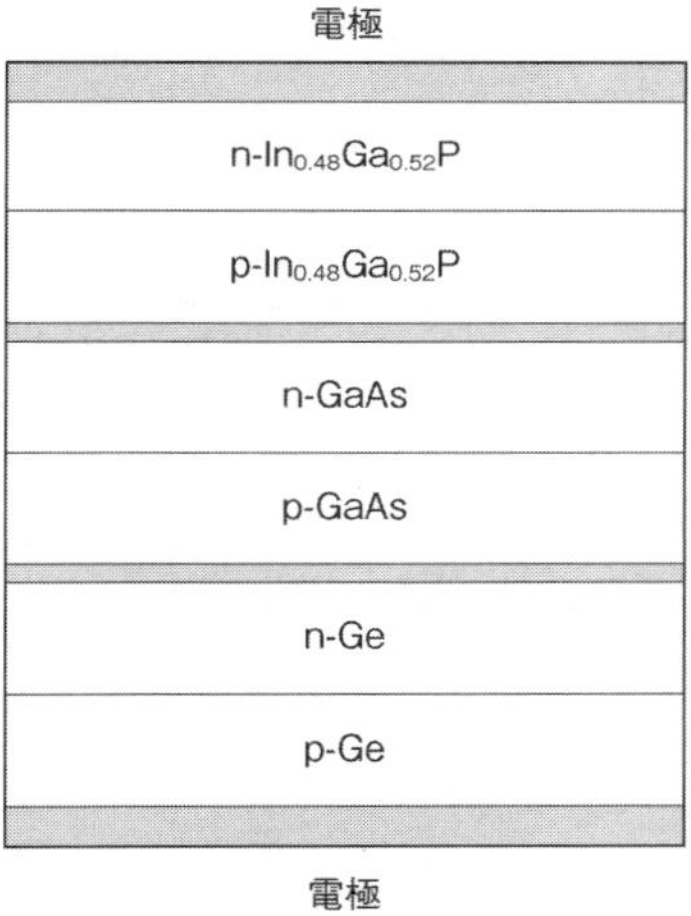

図46－2
タンデム型太陽電池の構造

列に並べて重ね、繋ぎ合わせたものです。この異種の半導体を積層して接合を作る技術はヘテロ接合技術と呼ばれ、太陽電池に限らず、トランジスタや発光ダイオードなどの半導体素子の性能を向上させるための重要な技術です（コラム参照）。この技術を用いれば原理的には変換効率六〇％を超えるような太陽電池も実現が可能です。現在までに、ガリウム（Ga）やインジウム（In）などの一三族元素とヒ素（As）やリン（P）などの一五族元素からなるタンデム型で三八％を超える変換効率が実現されています。また、このタンデム型太陽電池はレンズを使って集光することで、四四％を超える変換効率が達成されています。この他、量子ドットと呼ばれるナノメートルサイズの半導体粒子を別の半導体中に入れると、理論値を超えた変換効率が得られることも知られており、開発が進められています。

変換効率は太陽電池にとって最も重要な性能ですが、火力発電や原子力発電に代わるエネルギー源として利用しようとすると、他にもいくつかの点に配慮する必要があります。太陽から地球に届く光エネルギーの総量は膨大ですが、広い面積に均一に降り注ぐので、太陽電池で大きな電力を得るためにはたくさんの太陽電池を敷き詰める必要があります。このため、太陽電池を実用化するには安く大量に生産できることが重要になります。通常太陽電池は数百μmの厚みを持つ半導体の結晶からできていますが、数μm程度の薄い半導体の膜を使って原料の使用量を減らし、製造コストを削減する手法が検討されています。

こうした太陽電池の仲間には、銅（Cu）・インジウム・ガリウム・セレン（Se）の化合物のCIGS太陽電池や、非晶質Si太陽電池などがあります。また、製造コストの安い有機半導体の利用も検討されています。さらに、太陽電池には日中しか発電できないという問題がありますが、昼夜の区別のない宇宙空間で発電してマイクロ波で地上にエネルギーを送信しようという試みや、地球の裏側で発電した電気を超伝導ケーブルで送ろうといった夢のある技術も検討されています。（藤岡洋）

コラム

【ノーベル賞：赤﨑勇、天野浩、中村修二——高輝度で省電力の白色光源を実現可能にした青色発光ダイオードの発明（二〇一四年）】

二〇一四年のノーベル物理学賞に、名城大学終身教授の赤﨑勇氏、名古屋大学教授の天野浩氏、カリフォルニア大学サンタバーバラ校教授の中村修二氏の三名が選ばれました（写真）。電気のエネルギーを光に変える発光ダイオード（ＬＥＤ）に関しては、一九六二年のニック・ホロニアックらによる赤色素子の発明以来、多くの研究者がその高効率化に取り組んできました。しかしながら、照明として最も重要な青色ＬＥＤ素子の効率は極めて低く、一九八〇年代の半ばには多くの研究者が高効率の青色ＬＥＤを実現するのは不可能と考えるようになっていました。

当時、名古屋大学で研究を進めていた赤﨑勇氏、天野浩氏らは既に多くの研究者が諦めた窒化ガリウム結晶の高品質化に取り組み、一九八六年には結晶成長の開始温度を極端に下げることによっ

左から赤﨑、天野、中村の各氏

て結晶品質が劇的に改善されることに気が付きました。この低温バッファー層と呼ばれる技術の発明を契機に、中村修二氏の新プロセス技術の発明の貢献も相まって青色ＬＥＤの高輝度化は一気に進みました（図）。その結果、青色ＬＥＤに黄色の蛍光材を組み合わせる白色ＬＥＤが照明素子として一般に普及するようになり、現在では一Ｗあたり三〇〇lm（ルーメン）といった高い発光効率が実現されています。

さらに、青色ＬＥＤ作製技術をベースに加工を一歩進めた青色レーザも実用化され、光ディスクの大容量化に大いに貢献しました。最近では、窒化ガリウム系混晶の混晶濃度を調整することによって高輝度の緑色ＬＥＤや紫外ＬＥＤも実用化されるようになっています。三氏の開発した高品質窒化ガリウムは、発光素子のみならず、電力変換用素子などの応用にも技術開発が進んでおり、ますます我々の社会を豊かにしてくれるエコ材料として期待されています。（藤岡洋）

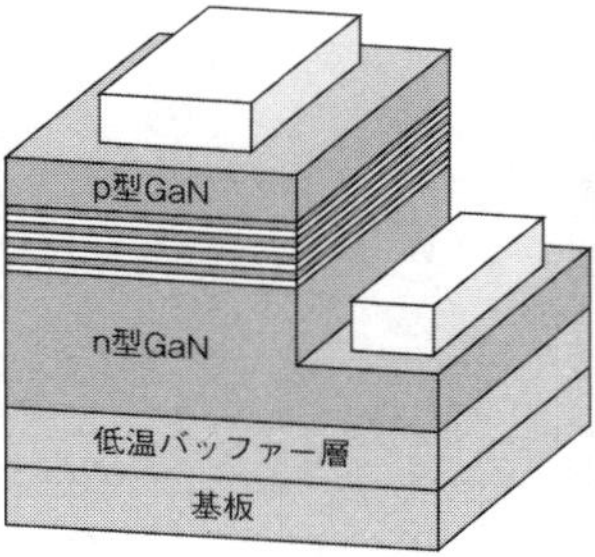

図　青色 LED の構造図

コラム

【ノーベル賞：ジョレス・アルフョーロフ——情報通信技術における基礎研究（高速エレクトロニクスおよび光エレクトロニクスに利用される半導体ヘテロ構造の開発）（二〇〇〇年）】

ジョレス・アルフョーロフ（写真）は、一九三〇年、ベラルーシに生まれました。一九五三年からはソ連科学アカデミーのヨッフェ物理学技術研究所で半導体素子の研究開発に従事しました。異なる種類の半導体を接合することをヘテロ接合技術といいますが、アルフョーロフは、この技術が、性能の高い発光素子や受光素子を実現するために極めて重要な役割を果たすことを実証しました。ヘテロ接合を利用すると電子や光を半導体素子の限られた領域に閉じ込めることができ、発光や光の増幅といった現象を高い確率で発生させることができます。この技術を利用して、半導体レーザ（次ページ写真）や発光ダ

イオード（ＬＥＤ）といった素子が実現されました。

二〇〇〇年、彼は「高速エレクトロニクスおよび光エレクトロニクスに利用される半導体ヘテロ構造の開発」の功績により、同じ研究分野のＨ・クレーマーとともにノーベル物理学賞を受賞しました。また、この年には半導体集積回路の発明者として有名なＪ・キルビーも同時にノーベル物理学賞を受賞しています。この年にノーベル賞を受賞した三人は今日の情報・通信社会の礎を築いた功労者といえるでしょう。ヘテロ接合技術は本文で取り上げたタンデム型太陽電池の他、ＬＥＤや半導体レーザ、パワートランジスタなどの動作でも極めて重要な役割を果たしており、携帯電話やＤＶＤなど我々が毎日使っている身近な電気製品に使われています。

ヘテロ接合を利用して作製されたレーザ

アルフョーロフは優れた科学者・工学者であるばかりでなく、社会における科学技術のありかたにも強い関心を示し、後に政治家としても活躍しています。（藤岡洋）

Q 47 リチウムイオン電池はなぜ発火しやすいか?

電池はいまや我々の生活になくてはならないものです。マンガン乾電池など使い捨て乾電池(一次電池)に対して、リチウムイオン電池は繰り返し充電できる二次電池です。モバイル社会においては必需品の一つになっており、その市場は最近では一兆円規模に成長しています。一般に、リチウムイオン二次電池は電池重量当たりに蓄えられるエネルギー密度が高いために、軽量化が図れるということでさまざまな携帯機器に利用されていますが、実は危険性が高い二次電池なのです。

リチウムはイオン化傾向の大きなアルカリ金属で、ナトリウムほどではないにせよ反応性が高く、水に入れると激しく反応して水酸化リチウムとなります。最初、金属リチウムを負極に用いたリチウム二次電池が開発されましたが、化学反応性が高く、発火事故が相次ぎました。そこで、炭素材料の中にリチウムを入れたものを負極として使い、一方正極材料としてコバルト酸リチウム $LiCoO_2$ を使う技術が開発されました(図47—1)。この二次電池では金属リチウムが存在しないため、安全性が大幅に向上しました。負極の炭素材料中のリチウムはリチウムイオンとして

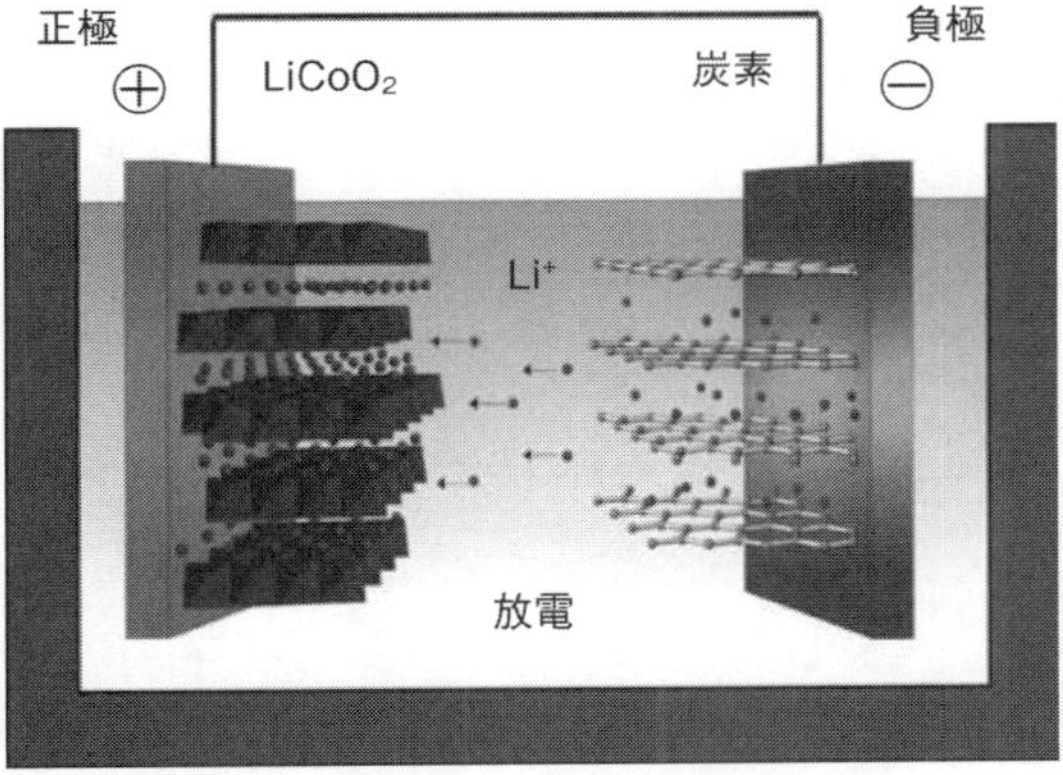

図 47 − 1　リチウムイオン電池の構造

電解質中に溶け出しますが、電子外部回路を伝って流れることでライトを点けたりモーターを回すなどの仕事をして正極に到達します。正極では CoO_2（コバルトは四価）はリチウムイオンと電子を受け取って安定な $LiCoO_2$（コバルトは三価）になります。この酸化還元反応がポイントです。従来のマンガン乾電池では反応がゆるやかなため一・五Vが定格ですが、リチウムイオン電池は三・六Vから四・二Vという二倍から三倍の電圧が出せるのです。

しかしリチウムイオン電池は、水溶性電解液を使用するニッケル・カドミウム蓄電池やニッケル・水素蓄電池などと異なり、有機溶媒を使用しているため高温で発火する危険性があります。このため、多重の安全対策が施されています。しかしそれでもなお冒頭で述べたように発火、もしくは異常過熱などが報告されています。負極電極終端の銅箔部が、製造装置の欠陥により折れ曲がり、充電による膨張や電池パック外部から加わる衝撃等によって絶縁膜のセパレータを突き破り、電池外装缶との間で短絡（ショート）を起こして過熱・発火するという事態になると説明されています。膨れの原因は、高電圧でガスが発生するためとも言われています。充電することにより異常発熱を起こして変形し、携帯電話本体に装着できなくなったり、電話機が熱で破損したりする事故が起きていますが、原因は正極／負極を絶縁するセパレータの破損による内部ショートが主なものと言われています。

さらに安全で高いエネルギー密度を持つリチウムイオン電池を開発するため、表面科学や電気化学を用いた研究が行われています。（尾嶋正治）

Q48 燃料電池が動作している様子を見る！

燃料電池は水素と酸素から水を作る電気化学反応ですが、本章Q44で説明したように固体高分子形燃料電池は低温反応をするため、白金などの触媒を用いて表面反応を促進する必要があります。そのため、燃料極で生成した水素イオンが高分子電解質膜中をどのように拡散しているか、空気極の触媒表面でどのように酸素と結合して水を作るのか、という反応中の様子を知ることが必要です。さらに燃料電池を繰り返し使っていると触媒の白金が少しずつ溶けだして電池が劣化してしまうことが知られています。この白金触媒の劣化を防ぐことが、自動車用燃料電池の実用化には不可欠です。

動作している燃料電池の様子を調べる方法は、大きく分けて二つあります。一つは透過性の高いX線を使ってレントゲン写真のように内部の様子を調べる方法で、もう一つは電気化学反応を行っている場所に電極や細い管を差し込んで、内部の結晶構造や電位などを調べる方法です。いずれも表面科学でよく使われる手法です。

触媒反応は、溶液や、反応物であるさまざまなガスが存在する環境下で起こります。このため、

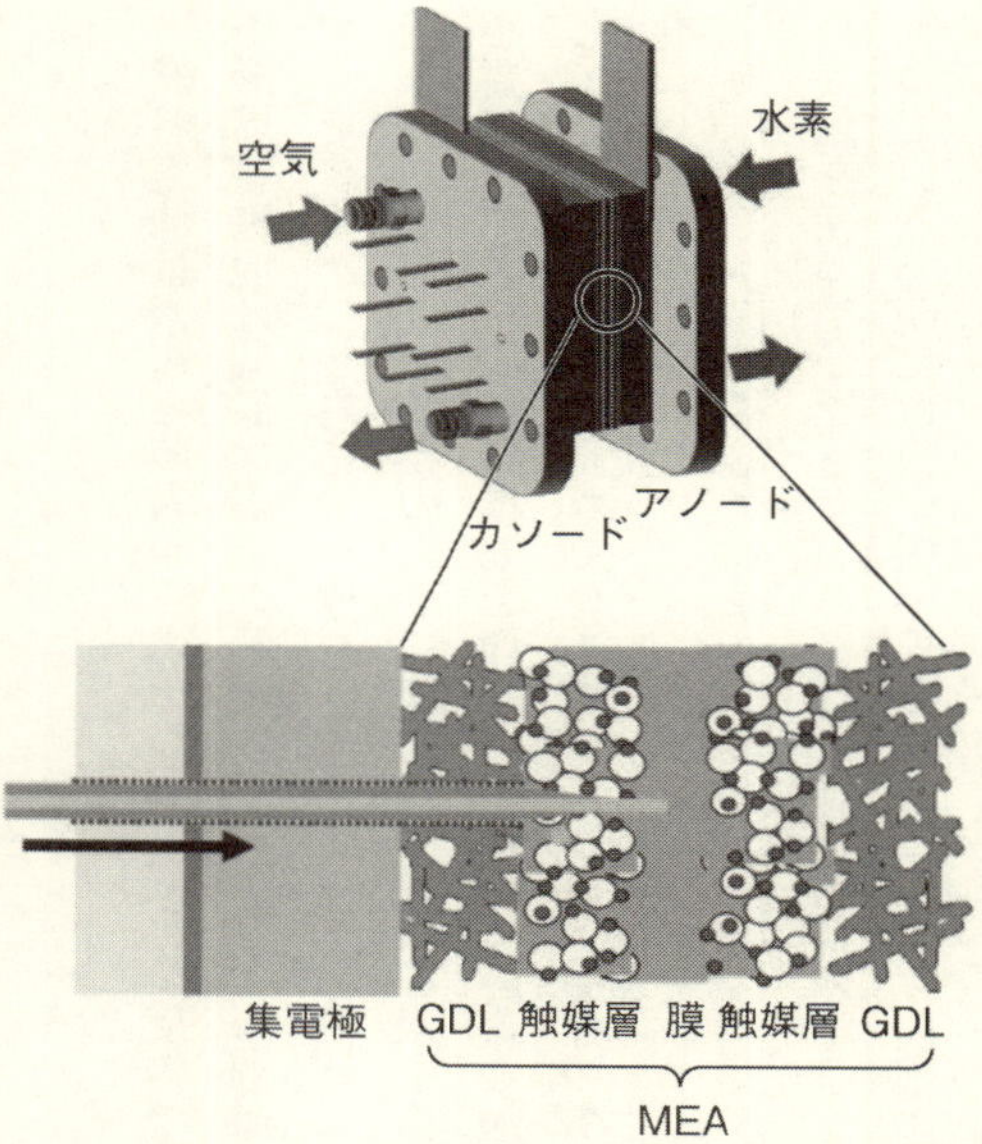

図48－1　燃料電池動作中プローブによる反応の動的解析
（提供：山梨大学 犬飼潤治氏）

多種類の分子が混在している条件でも触媒の構造を捉えることのできる、透過力の高い放射光の硬X線が大変役に立ちます。放射光の硬X線を用いたX線回折法やX線吸収微細構造法という方法を用いれば、結晶構造や金属まわりの結合の構造を調べることができます。たとえば、自動車を停止させるには、燃料電池のオン・オフを何万回と繰り返して車体を減速させていきます。この操作を行った時の燃料電池の白金触媒の構造を、放射光を用いて調べると、特に減速時（一Ｖ以上の電圧が印加）に白金の触媒粒子が少しずつ酸化されていき、粒子の表面からはがれおちるように白金が溶け出していく様子が観察されます。こうして、燃料電池で発電する際に燃料電池白金触媒がどのように働くのか、そのメカニズムが初めて明らかにされました。

もう一つの内視鏡的手法は、発電中の燃料電池の任意の場所に、細い検出プローブ（探針）を挿入する手法です。これにより、発電中の電位分布測定や分子の状態を調べるラマン分光測定が可能になりました（図48―1）。流路からガス拡散層（ＧＤＬ）、燃料極（アノード）、電解質膜、空気極（カソード）、ＧＤＬにかけての三次元的な物質の同定と化学状態が明らかになり、高い時間分解能（ms）と高い空間分解能（㎛）で電池内の反応過程の現象を動的に可視化できるようになったのです。

このように、表面科学の手法によって電池反応を手に取るように見ることができるようになり、新しい高性能電池開発が加速されつつあります。（尾嶋正治）

コラム

【ノーベル賞：カイ・シーグバーン――高分解能光電子分光法の開発（一九八一年）】

カイ・シーグバーンは光電子分光法の開発に多大な貢献をしたスウェーデンの物理学者です（写真）。シーグバーンは一九四四年にストックホルム大学で博士号を取得し、ウプサラ大学のオングストローム研究所で光電子分光の研究に従事しました。光電子分光法とはX線や紫外線を固体試料に照射し、固体表面から飛び出す電子（光電子といいます）の運動エネルギーを分析（電子分光）する表面分析法で、元素組成などを調べることのできる手法です。固体中を運動する電子は、光によって高いエネルギーに励起されると、固体中の原子とぶつかりながらエネルギーを失ってしまうので、光電子は固体の内部から飛び出すことはできず、表面層からしか外に飛び出すことができません。したがって光

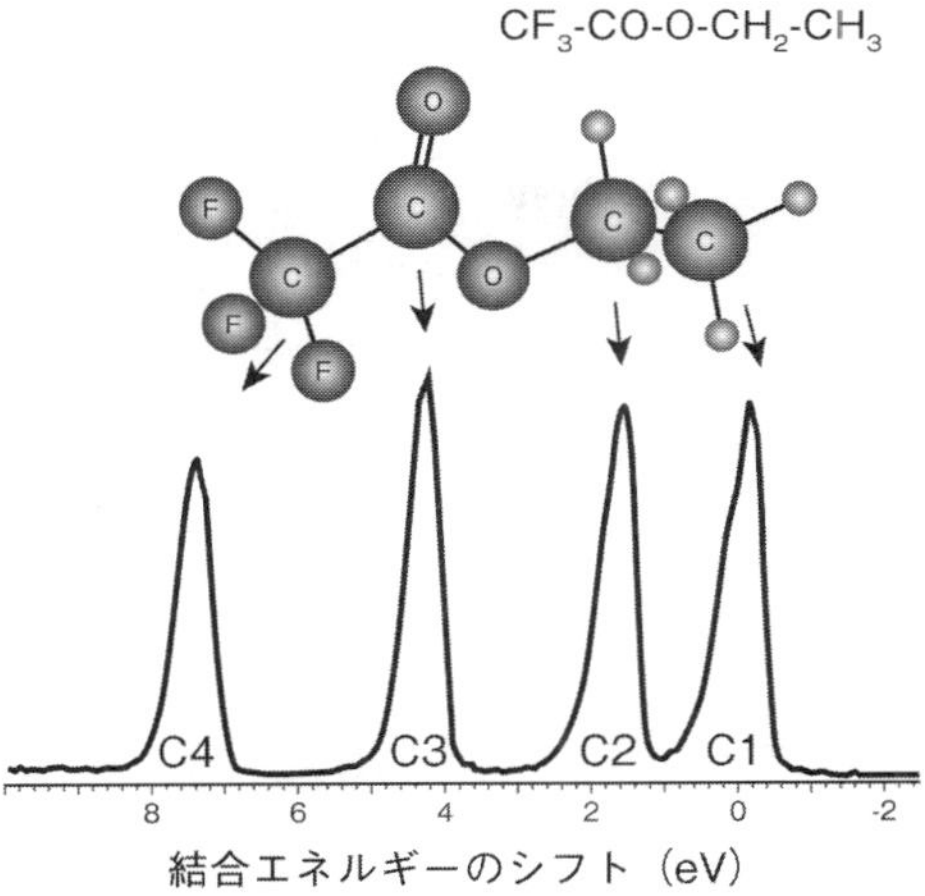

図　「ESCA 分子」からの炭素１ｓ軌道の光電子スペクトル。CF_3 が C4、OC=O が C3、CH_2O が C2、CH_3 が C1

電子分光は表面分析にとって最適なツールになります。しかも光電子は注目する元素、たとえば炭素原子がどんな原子と結合するかによって、その結合エネルギー（どのくらい強く原子殻に引きつけられているかを表すエネルギー）が大きく変化します。これを化学シフトと呼びます。たとえば図に示す分子は四種類の化学結合状態（CH_3, CH_2O, OC=O, CF_3）を持った炭素電子が含まれていますが、炭素の１ｓ軌道（K殻）にある電子の結合エネルギーは、結合状態によって異なります。この性質を利用すると化学結合を区別した元素分析が可能になります。

シーグバーンは多くの弟子を育て、スウェーデンを光電子分光で世界をリードする国にしました。今でも光電子分光のための装置はスウェーデン製が多く使われています。これらの業績によって、一九八一年にノーベル物理学賞を受賞しました。実は父親のマンネ・シーグバーンもX線分光の業績によって、一九二四年にノーベル物理学賞を受賞しています。（尾嶋正治）

Q49 物質合成のエネルギーを省エネ化したい！

身の回りの樹脂や繊維、燃料などの化学物質は、石油、石炭、天然ガスなどの化石資源を原料として、何段階にもわたる化学的な変換を駆使して製造されています。この変換に用いられるエネルギーを減らすことは重要な課題です。例として、天然ガスから水素を製造する反応を見てみましょう。天然ガスは、メタン（CH_4）が主成分であり、最近では天然ガスの一つであるシェールガスが注目を集めています。

メタンが水蒸気（H_2O）と反応すると、一酸化炭素（CO）と水素（H_2）ができます。この反応は、メタンの水蒸気改質（$CH_4+H_2O \rightarrow CO+3H_2-206$ kJ mol^{-1}）と呼ばれています。この反応は大きな吸熱反応です。反対方向（式の矢印の逆方向）にも反応が進む可逆反応ですが、高温にすることで、反応生成物である水素を増やす反応が多く起こります。これをル・シャトリエの原理と言います。ここで得られる水素や一酸化炭素は、メタノール製造（$CO+2H_2 \rightarrow CH_3OH$）やアンモニア製造（$N_2+3H_2 \rightarrow 2NH_3$）などに用いられます。

このような吸熱反応を起こすためには、吸熱量に相当するエネルギーが最低限必要となりますが、一方で、多くの化学反応では、反応が進行するために超えるべきエネルギーの山、活性化エネルギーが必要です。したがって、反応の吸熱エネルギー（206 kJ mol^{-1}）よりも、さらに大きいエネルギーが必要になるのです。メタンの水蒸気改質の場合、CH_4中のC-H結合（一本当たり435 kJmol^{-1}）という非常に強い結合の切断に大きなエネルギーが必要になります。

省エネという観点ではこのエネルギーを小さくするために触媒を使います。触媒を用いた反応は、工業的に行われており、ニッケル（以下Ni）等の金属触媒が用いられます。触媒を反応管の中に充填し、反応ガス（CH_4+H_2O）を導入し、反応管外部では、メタンの燃焼反応で熱を発生させ、反応器内に熱供給します。化学平衡の制約から、反応するメタンの割合を十分高くするには、反応温度は一〇〇〇℃程度必要なので、外から供給するエネルギーを大きくせざるをえないのです。

もう一つ重要な課題があります。それは、副反応である炭素の析出です。触媒の表面上に炭素のような固体成分が析出すると、触媒表面に反応物（メタンと水蒸気）が近づけず、反応が停止してしまいます。炭素の析出は、メタンの分解反応（$CH_4 \rightarrow C+2H_2$）と一酸化炭素の不均化反応（$2CO \rightarrow C+CO_2$）により進行し、いずれもNiが触媒として働く反応です。炭素析出を防ぐために、水蒸気改質反応に必要な量より過剰の水蒸気（$H_2O/CH_4>3$）を導入します。析出した炭素を水蒸気と反応させて除去する（$C+H_2O \rightarrow CO+H_2$）のです。しかし、水蒸気が多すぎると未反応の水蒸気が触媒反応器から出てきてしまい、今度は水蒸気を高温に維持する分のエネルギーが余分に必要になります。そのため、炭素析出に対する高い耐性を持った触媒の開発も進められています。

触媒の活性点はNi金属微粒子の表面なのですが、通常用いられているサイズのNi金属粒子の場合には、析出した炭素は主にNi表面上で水蒸気と反応します（図49−1(a)）。一方で、より小さなNi粒子が担体表面上に分散している場合には、微粒子と担体酸化物の境界面が広く、担体酸化物表面に吸着した水蒸気がその境界面で炭素と反応できるようになります（図49−1(b)）。

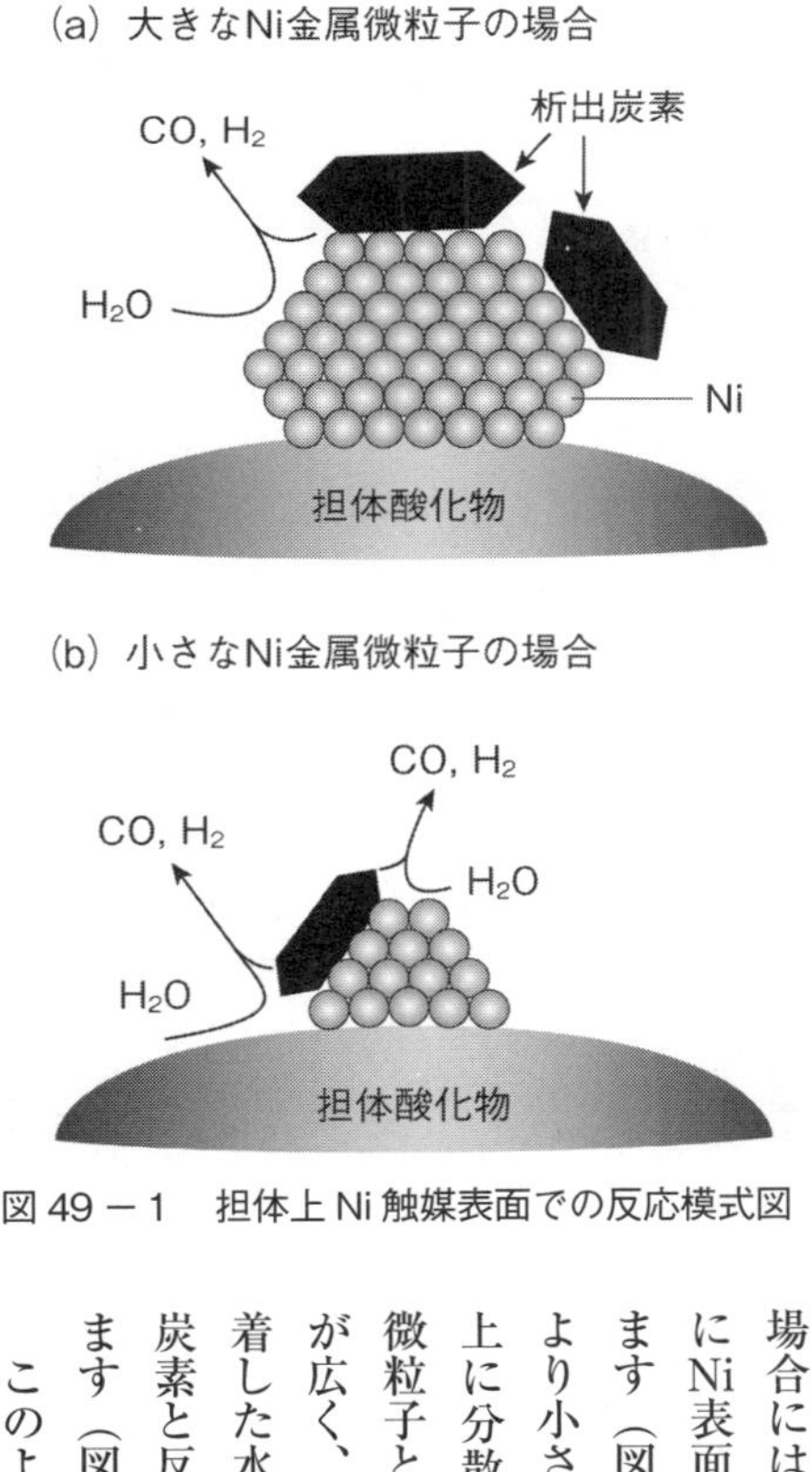

図49－1　担体上Ni触媒表面での反応模式図

このように担体酸化物表面

上に小さなNi金属微粒子を分散させて触媒として用いた場合には、粒子が大きな場合と比較して炭素析出に対する耐性が高くなり、余分な水蒸気がいらなくなります。C-H結合の解離に必要なエネルギー（435 $kJmol^{-1}$）を、究極の触媒を用いることで、吸熱量相当（206 $kJmol^{-1}$）まで下げることができます。（冨重圭一）

コラム

【ノーベル賞：カール・ツィーグラー――新しい触媒を用いた重合法の発見とその基礎的研究（一九六三年）】

ツィーグラー（写真）はドイツの有機合成化学者で、エチレンを穏和な条件で重合させてポリエチレンを合成する画期的な触媒を開発した業績で、一九六三年にノーベル化学賞を受賞しています。ポリエチレンは、ポリ袋などの包装材や各種プラスチック容器として世界で年間五六〇〇万トンあまり（二〇一一年実績）の生産がなされている主要高分子の一つです。第二次世界大戦時、ポリエチレンはレーダーの高周波絶縁材として用いられ、これを生産することができた連合国側が大戦において優位に立てたことが知られています。しかし、一〇〇～三五〇℃、一〇〇〇気圧以上の高温高圧下でラジカ

ルを発生させて重合する方法で合成されていたため、エネルギー効率が悪く、爆発事故もしばしば起こりました。

ドイツのいくつかの大学で有機化学教授を歴任したツィーグラーは、一九四三年からミュールハイム・アン・デア・ルールにあるカイザー・ウィルヘルム（後にマックス・プランク）石炭研究所の所長になりました。ドイツ敗戦後の疲弊した状況の中で、彼はポリエチレンの新合成法に取り組み、一九五三年にトリエチルアルミニウムに四塩化チタンを加えた触媒（ツィーグラー触媒）によって、エチレンを常温・常圧で重合させることに成功しました。しかも、このようにして合成したポリエチレンは図に示すように分岐のない直鎖状の構造を持つため、鎖同士が密に寄り集まり、耐熱性や機械強度の高い高密度のポリエチレンになりました。ラジカルを発生させて重合を連鎖させる従来の方法では、しばしば水素が抜けることにより枝分かれの多い構造になってしま

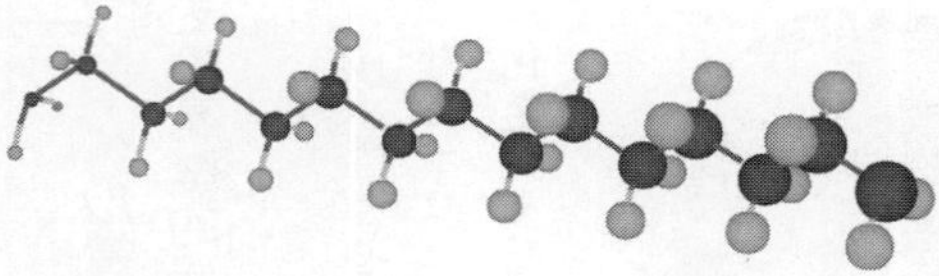

図　ポリエチレンの分子構造

うのと対照的です。常温・常圧という非常に穏和な条件で働くツィーグラー触媒によって、今日でも熱に強く丈夫なポリエチレンが大量に生産され、皆さんの身の回りのプラスチック製品に姿を変えています。ツィーグラー触媒の反応は四塩化チタンの表面で起こると推測されていますが、現在でも正確には分かっていません。約六〇年前にツィーグラーが偶然発見したとされるツィーグラー触媒の正体を表面科学が明らかにする日が間もなく来るかもしれません。（近藤寛）

第6章

最先端ナノテクノロジーの表面科学

Q50 半導体デバイスを微細化するには表面・界面が大事！

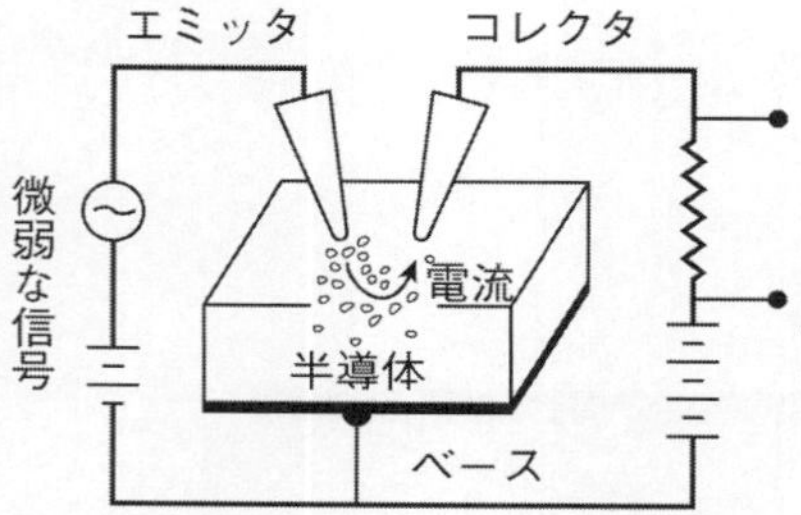

図50－1　点接触型トランジスタ

半導体という物質が電子部品として役に立つことが示された最も有名な例は、一九四八年に発明された「トランジスタ」です。当時、AT&T（米国電信電話会社）のベル研究所に所属していたバーディーンとブラッテンは、図50―1に示すように、ゲルマニウム（半導体の一種）結晶表面に二本の金属針を突き立てて、その針を少しずつ近づけながら電流の流れ方を調べていました。そのとき、一方の針（エミッタ）から微弱な電気信号を入力すると、他方の針（コレクタ）から大きな電気信号が出てくることを発見したのです。これが「増幅」という現象で、ラジオの微弱な電波を受信し増幅して大きな音でスピーカーを鳴らす原理になっています。これは現在では「点接触型トランジスタ」と呼ばれるものです。エミッタから半導体に流れ込んだ電流がコレクタに届くまでに何が起こっているのか、彼らは、その原理を調べ、今日の半導体物理学とエレクトロニクス産業の基礎を築きました。その業績で一九五六年のノーベル物理学賞を受賞しています。

このトランジスタは当時、ラジオだけでなく補聴器に多数使われましたが、性能が安定せず、すぐに働かなくなってしまいました。それは、接触している二本の針の間の半導体結晶表面が変質してしまうことが原因だったのです。半導体結晶表面がどのように性能に関わっているのか、その研究から現在の表面科学が始まったともいえます。

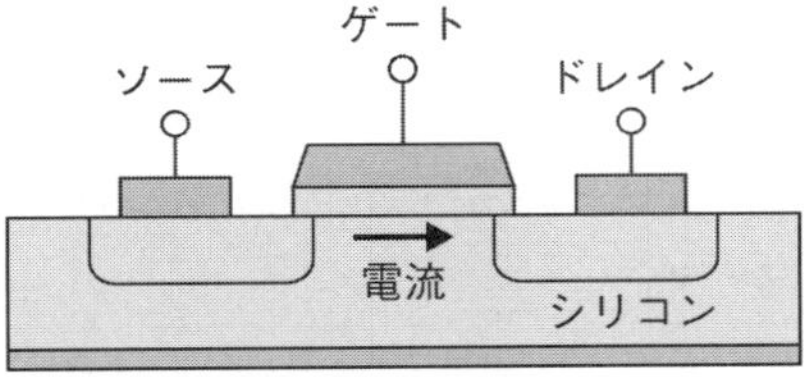

図50－2　電界効果型トランジスタの構造

現在使われているパソコンやスマートフォンには一台当たり実はトランジスタがおよそ一億個入っています。ブラッテンたちが発明した点接触型トランジスタは一個がおよそ五㎜の大きさなので、それを一億個並べると、五〇m四方の面積が必要になります。これではとても携帯できるパソコンなどできません。そこで、図50－2に示すような「電界効果型トランジスタ（ＦＥＴ）」と呼ばれる新しい型のものが発明されました。電界効果型トランジスタも点接触型トランジスタと原理は基本的に同じで、ゲート電極に入った微弱な電圧信号が、ソース電極からドレイン電極に流れる電流の大きな変化となって現れるので、電気信号が増幅されることになります。ソース電極とドレイン電極の間隔が今では二〇nm程度にまで小さくなっているので、この構造を一億個並べても指先に載る一cm四方の「半導体チップ」にまとめることができるのです。このようなトランジスタをたくさん並べた「集積回路」ができて初めて現代のモバイル情報化時代になったのです。そのテクノロジーの発展に大きく寄与したテキサス・インスツルメンツ社のキルビーは二〇〇〇年のノーベル物理学賞を受賞しています。

電界効果型トランジスタでは、ソース電極からドレイン電極までの間隔がわずか二〇nm程度なので、そこを流れる電流はシリコン結晶の奥深く流れ込むことはなく、結晶の表面近傍だけを流れます。ですので、シリコン結晶表面の性質が性能を左右します。ここでもまた、表面の性質が大事になってくるのです。結晶の中身より、表面付近の性質をコントロールすることでデバイスはうまく働いているのです。（長谷川修司）

コラム

【ノーベル賞：ジョン・バーディーン――半導体研究とトランジスタ効果の発見（一九五六年）】

バーディーン（写真）は、一九五六年と一九七二年の二度もノーベル物理学賞を受賞しています。ノーベル賞を二度受賞している人は、マリー・キュリーなど歴史上に四名いますが、物理学賞を二度受賞したのは彼だけです。最初の受賞は、米国電信電話会社のベル研究所の同僚であったブラッテンとショックレーとの共同受賞で、「半導体に関する研究とトランジスタ効果の発見」に対して贈られました。二回目の受賞は、全く違ったテーマで、クーパーとシュリーファーとの共同受賞で「BCS理論と呼ばれる超伝導理論の構築」が認められたものでした。半導体物理学と超伝導物理学という二つの大きな分野の礎を築いた、まさに物理学の巨人といえます。

ショックレーらは図に示すような、現在の電界効果型トランジスタの原型となる構造を考案し、実験していました。薄い絶縁体の片側に半導体を、反対側にはゲート金属をつけます。この状態で半導体に電流を流して電気抵抗を測定します。このとき、半導体と金属の間に電圧（ゲート電圧）を加えると、半導体とゲート金属がコンデンサを形作っていますので、この図の状況では半導体側に過剰な電子が誘起されます。そして、それが伝導電子になって電気抵抗を減少させるのです。つまり、ゲート金属に電圧を印加することによって、半導体の電気抵抗を変化させることになります。これが電界効果型トランジスタです。しかし、ショッ

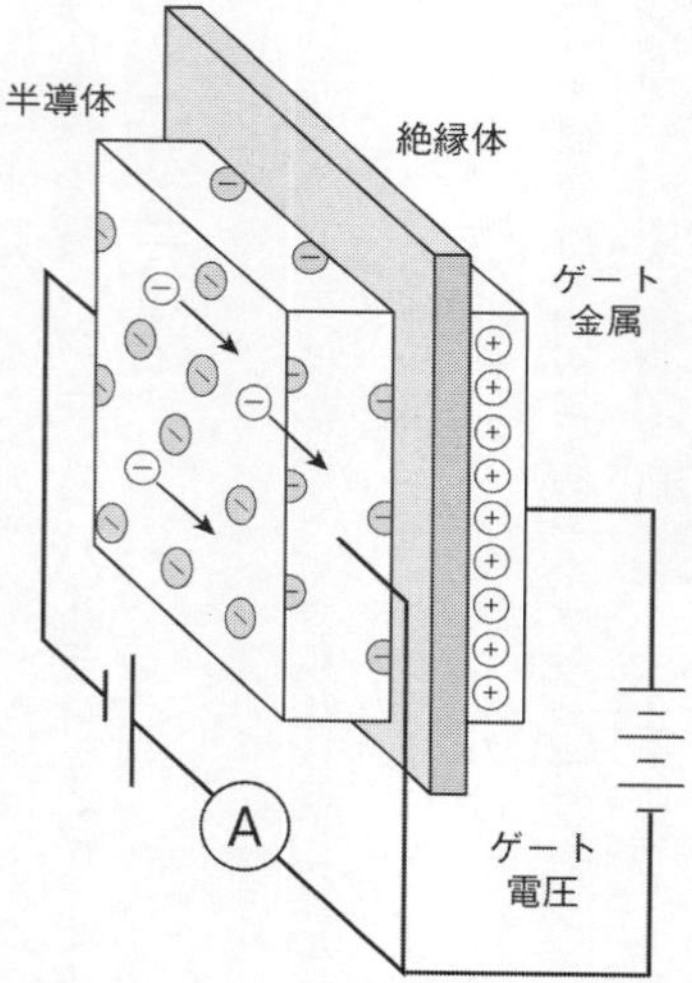

図　ショックレーらが考案した電界効果型トランジスタの原型となる構造

クレーらが実験してみると、期待に反して、半導体の電気抵抗はゲート電圧を印加してもほとんど変化しませんでした。

　その理由を理論的に説明したのがバーディーンです。絶縁体と接している半導体の表面には特別な電子状態（表面状態）が存在し、コンデンサ構造によって誘起された電子はその表面状態に捕獲されて動けなくなってしまい、電流にならないというのです。結晶表面に存在する表面状態という電子状態の概念は以前から考えられてきましたが、実際に実験の結果を左右するはたらきをすることが初めて示されたことになり、表面物理学の端緒となった卓越した理論だったのです。電界効果型トランジスタを実現するには、この電子状態を消滅させる必要があり、現代のエレクトロニクス技術につながっています。（長谷川修司）

Q 51

スマホのカメラは「電子の目」で撮影する!?

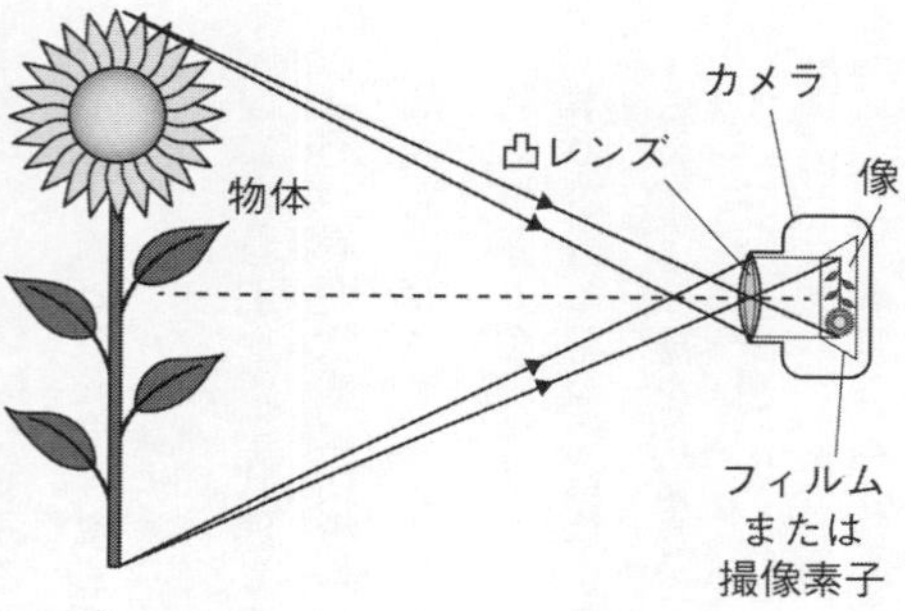

図51－1　カメラの仕組み

カメラは、図51―1に示すように、レンズで縮小（または拡大）された像をフィルム上に結ぶことで記録されます。デジタルカメラやスマートフォン全盛の今日、画像を記録するのにフィルムはほとんど使われなくなりました。現在では、フィルムの代わりに撮像素子（イメージセンサー）という半導体デバイスを使って画像を電気的信号として記録します。写真フィルムでは、フィルム上の各点に到達した光の強さに応じて色の濃さが変わるように化学反応が起きて記録されますが、撮像素子では、各点に到達する光の強さに応じて電気量が発生して記録されます。まさに「電子の目」といえます。

デジカメやスマホのカタログには、画素数何百万などと書かれていますが、撮像素子は図51―2に示すように、受光面が多数の「画素」に細かくかつ規則正しく分割されています。

それぞれの画素に入ってきた光の強さを、そこに蓄積される電荷の量で記録します。光が入ると電気を発生するフォトダイオードという半導体を使って、光の強さに比例した数の電子と正孔を発生します。図51―3に示すように、それぞれの画素に小さなコンデンサが作り込まれているので、光によって誘起された電子がそこに蓄積されます。各画素の前にはカラーフィルターがあり、赤・緑・青の三原色の光の強さをそれぞれ電荷量として記録し、

図51－2　撮像素子の画素の並び

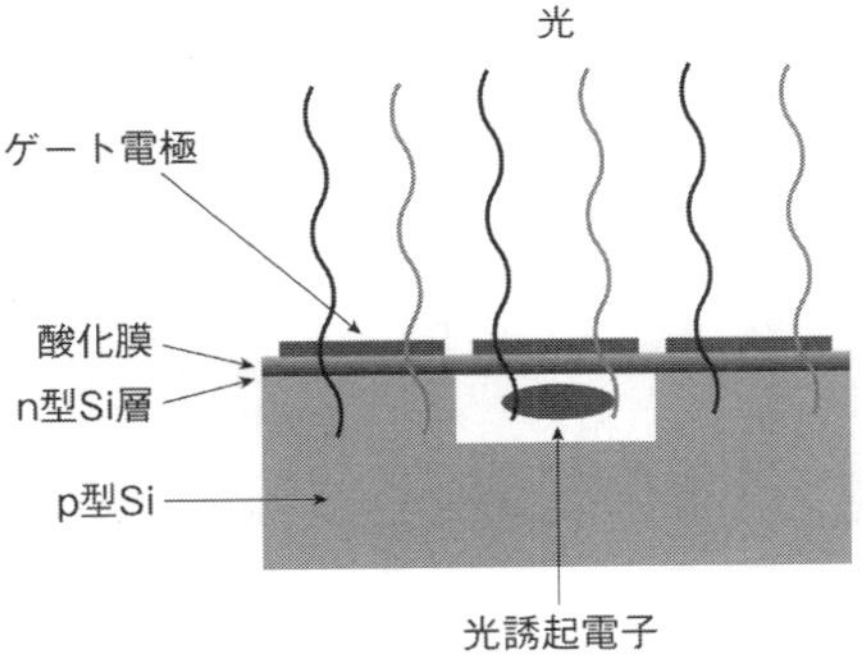

図51－3　各画素の構造

カラー写真にします。

各画素に記録された電荷量を読み出してメモリーに数値データとして保存するには、電荷を隣の画素に順繰りに送って、二次元の画像データを一列の数値データ列にします。よく耳にするCCD（電荷結合デバイス）とは、そのような仕組みのデバイスで、米国電信電話会社ベル研究所にいたウィラード・ボイルとジョージ・スミスによって一九六九年に発明され、二〇〇九年にノーベル物理学賞が贈られています。この発明によって、今日のデジタル情報化社会が加速されたのです。

一個の画素が小さく、画素数が多いほど、精細な画像が記録できます。画素一個一個は、半導体集積回路に使われる電界効果型トランジスタと似た構造なので（Q50図50—2参照）、その製造方法がそのまま応用できます。蓄えられた電荷は半導体結晶の表面直下だけに分布するので、ここでも物質表面や界面の性質が性能を左右します。（長谷川修司）

Q52 原子一個を動かす「アトムトランジスタ」とは？

現在のコンピュータには、ゲート電極、ソース電極、それにドレイン電極という三つの電極を半導体につけた、トランジスタと呼ばれる「三端子型」スイッチが使われています（Q50図50―2参照）。この半導体トランジスタは、ゲート電極に電圧がかけられ、ソース電極からドレイン電極に半導体部分を通って流れる電流をオン・オフします。一個ずつのサイズを小さくし、たくさんの半導体トランジスタを搭載することで、現在のコンピュータの性能は、将棋のプロ棋士を打ち負かしてしまうほどに向上しました。一方で、電流が半導体を流れる際に発生する熱や、増え続ける消費電力が大きな課題となってきています。

熱として浪費される電力は、電流が流れる時の電気抵抗に比例して大きくなります。物質の電気抵抗は「金属」「半導体」「絶縁体」の順に大きくなります。半導体トランジスタでは、オン状態もオフ状態も「半導体」で実現されています。もし、「金属」でオン状態を実現できれば、電気抵抗が小さいので、熱の発生を大幅に減らせます。さらに、「絶縁体」でオフ状態を実現できれば、リーク電流（オフ状態でも流れてしまう余計な電流）がなくなり、消費電力も大幅に減り

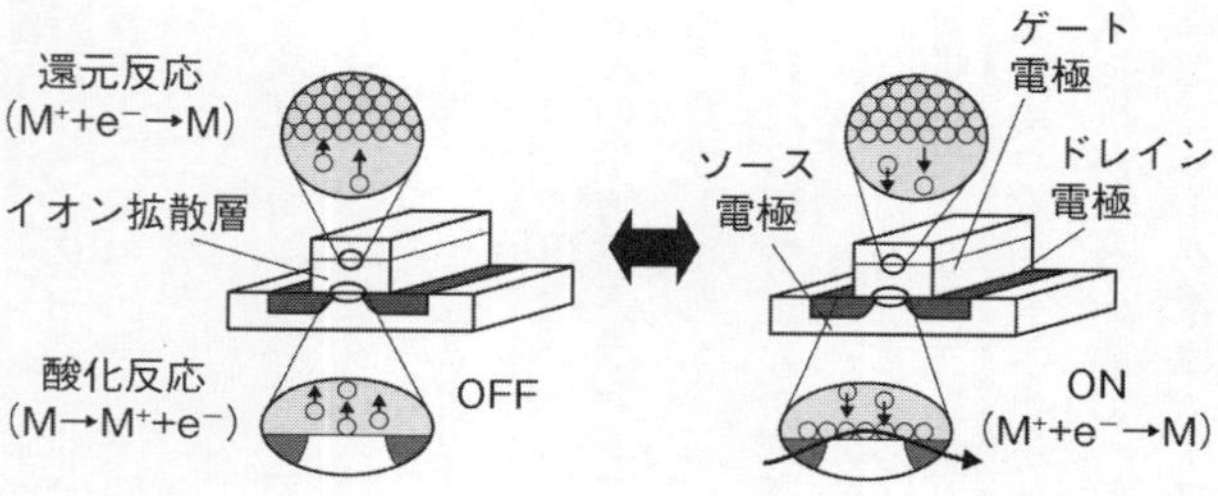

図52－1　アトムトランジスタ。右図がオン状態でソース電極とドレイン電極が金属原子（M）でつながっている。左図がオフ状態でMがイオンとなって離れてしまったので、2つの電極は離れている

ます。これを実現したのが、原子の移動を制御して動作する「アトムトランジスタ」です。

アトムトランジスタのゲート電極は、銅や銀など正イオンになりやすい金属材料でできています。正イオンになると電圧によって移動できるのです。一方、ソース電極とドレイン電極は、白金などのイオン化しにくい材料でできています。そして、ゲート電極とソース・ドレイン電極の間（図52－1のイオン拡散層）は、電気的には絶縁体で、その内部にはゲート電極から出たイオンが移動可能な物質（酸化タンタル）が使われています。

ゲート電極に正の電圧を印加すると、ゲート電極を構成する金属原子の一部がイオン化されてイオン拡散層中に溶け込みます。溶け込んだ金属イオンは、ゲート電圧の印加によって形成された電界の力を受けて、ソース・ドレイン電極に向かって移動していきます。ソース電極

やドレイン電極にたどり着いた金属イオンは、電極から電子をもらって再び中性の金属原子に戻ります。ソース電極とドレイン電極の間の隙間を原子スケールで作っておけば、ゲート電極から移動してきた金属原子によって二つの電極がつながって、オン状態になり電流が流れるという仕組みです。逆にゲート電極に負の電圧を印加すると、ドレイン電極とソース電極を接続していた金属原子がイオンとなって逆方向に移動して、ソース電極とドレイン電極の間の接続が切れ、オフ状態になります。

これまでにソース電極とドレイン電極の隙間がわずか二nm（原子一〇個分）のアトムトランジスタが作られています。さらに隙間を小さくすることで、将来的には、一個の金属原子でオン・オフの動作をさせることが可能になるかもしれません。

ところで、アトムトランジスタには、もうひとつ大きなメリットがあります。半導体トランジスタは電源を切ると初期状態に戻ってしまう揮発性のデバイスですが、アトムトランジスタは電源を切る前の状態（オンかオフ）が保たれる不揮発性のデバイスです。つまり、電源を切っても情報が消えないのです。この特徴を利用することで、起動時間がゼロのパソコンを作ることも可能になると期待されています。（長谷川剛）

コラム

【ノーベル賞：ハインリッヒ・ローラー、ゲルド・ビニッヒ――走査型トンネル顕微鏡の設計（一九八六年）】

ローラー（写真左）とビニッヒ（写真右）は、スイスにあるＩＢＭ社チューリッヒ研究所に勤める研究者でした。顕微鏡と言えば、まずレンズを使った顕微鏡を思い浮かべるでしょう。レンズを使ってものを観る、という意味では、私たちの眼も同じです。これに対して、ローラーとビニッヒは全く異なるタイプの「顕微鏡」を発明し、なんと一個一個の原子を鮮明に観察することに成功しました。

その顕微鏡は「走査型トンネル顕微鏡」と呼ばれ、光ではなく針を使った顕微鏡です。原子レベルで尖った針を使えば、表面の凹凸も原子レベルでなぞる（観る）ことができる、というわけです。と言っても、どうやってなぞったのでしょう。原子は、原子核とそれを包む電子の雲でできています。彼らは、針先の原子と表面の原子の電子雲同士がわずかに重なり合ったときに流れるトンネル電流を利用しました。トンネル電流は電子雲の重なり具合に極めて敏感です。図1に示すように、トンネル電流が一定の大きさになるように針先と表面の距離を一定に保ちつつ、針で試料表面をなぞったのです。この発明の前、彼らはトンネル接合と呼ばれる超伝導の研究を行っていましたが、その研究が別の形で活かされたのです。「百聞は一見に如かず」。それまでX線回折などの間接的な手法で解析していた表面の原子配列が、走査型トンネル顕微鏡によって直接観察できるようになったのです。実際、シリコン結晶表面の7×7構造と呼ばれる原子の並び方（図2）を始めとして、未解明だった多くの結晶表面の原子配列が明らかになったのです。これらの功績により、彼らは一九八六

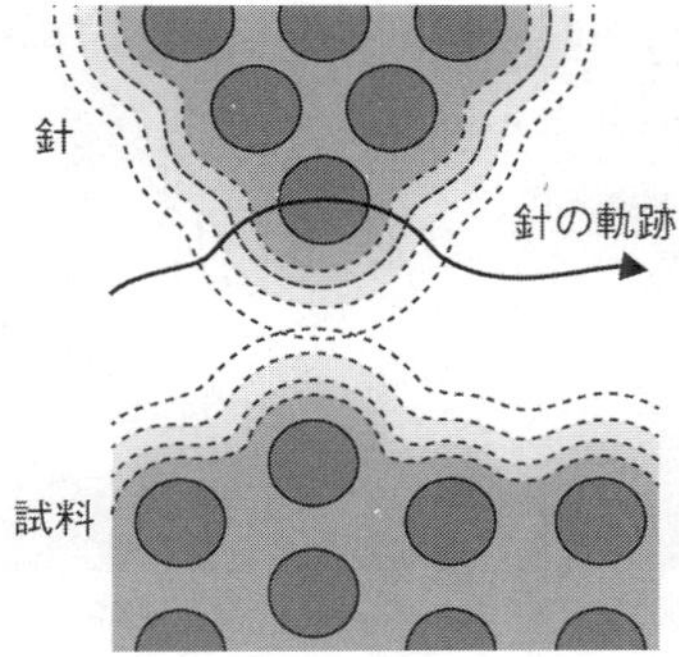

図1　トンネル電流を利用した探針の制御

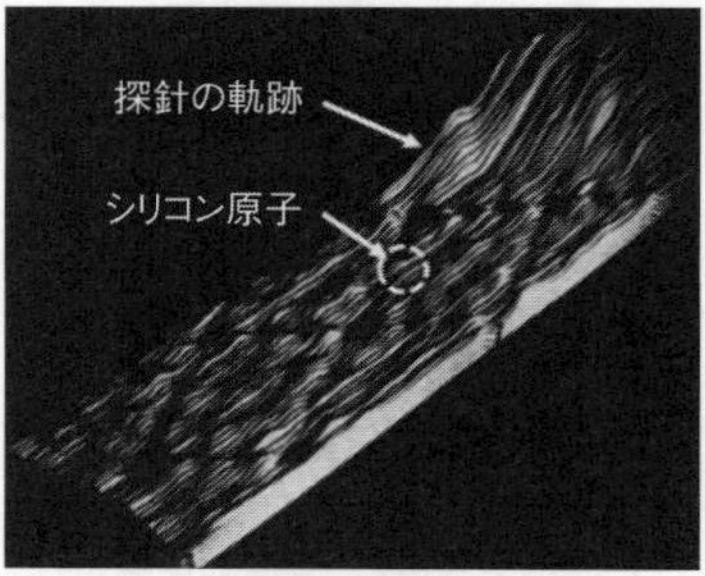

図2　シリコン7×7構造（©APS）

年にノーベル物理学賞を受賞しました。

ところで、走査型トンネル顕微鏡では、電流が流れない絶縁体を観察することはできません。これに対しても彼らは、原子と原子が近づいた時にはたらく微弱な力（原子間力）を用いて表面をなぞる顕微鏡（原子間力顕微鏡：Q32参照）を発明しました。いずれも、現在ではナノサイエンスやナノテクノロジーの研究に欠かすことのできない実験装置となっています。（長谷川剛）

Q53 よく光る「半導体ナノロッド」って何?

最近、街中の交差点で信号機をよく見ると、細かな点状のもので埋めつくされています。じつはその一つ一つは、発光ダイオード（ＬＥＤ）なのです。電流を流すと光る半導体です。電気屋さんで売っている照明用の白色光源もＬＥＤが主流になってきました。色が鮮やかで、省エネルギー、長寿命などの優れた特徴から、蛍光灯に取って代わりつつあります。こんな便利なＬＥＤですが、緑色の発光効率が低いなどまだまだ改良の余地があります。青色ＬＥＤを発明した業績によって、日本人三名（赤﨑勇、天野浩、中村修二）が二〇一四年のノーベル物理学賞を受賞したことはコラム（１８２ページ）で紹介したとおりです。

このような発光素子の開発において、発光効率の高さで最近注目されている半導体ナノロッド（ロッドは棒あるいは柱の意味）と呼ばれる結晶があります。針状の結晶で、古くはウイスカー（髭《ひげ》）結晶、最近ではナノワイヤとも呼ばれ、盛んに研究が進められています。半導体ナノロッドが「よく光る」理由は、発光面積が広い、光の取り出し効率が良いことなどですが、詳しくはまだよくわかっていません。また、ＬＥＤに光を当てると電気が生じます。つまり太陽電池になるのです。光の吸収効率もよく、吸収波長の異なる半導体を多層に積み重ねることができることから、高効率のエネルギー変換を目指した太陽電池への応用も期待されています。図53―1は、化合物半導体ヒ化ガリウム（GaAs）のナノロッドの電子顕微鏡像です。

　このナノロッド結晶の作り方ですが、化合物半導体の結晶面上にエピタキシャル成長法と呼ばれる薄い膜結晶を成長させる方法が主流です。細いロッド状の形状にする方法は、大きく分けて二通りあります。金属微粒子（主に金）を用いた「気相・液相・固相法（ＶＬＳ法）」と「選択成長法」です。ＶＬＳ法では、半導体の表面上にナノメートルサイズの微粒子を載せ、それを高温に保ちながら半導体原料を含んだガスを流すと、溶けた微粒子（液相）に気相から原料が溶け込み、過剰に溶け込んだ原料が、微粒子と半導体表面（固相）との接触界面で、結晶になって伸びていきます。この時、原料ガスの分解温度や結晶成長温度より少し低く温度を設定すると、微粒子と半導体との界面で結晶が成長します。常に微粒子の下側で結晶成長が起こるので、成長が進むにつれて微粒子が持ち上がることで細いロッド状の結晶が得られます。この方法の特徴は、結晶成長装置さえあれば、

図53－1　GaAs（ヒ化ガリウム）ナノロッドの電子顕微鏡写真

微粒子を半導体の結晶上に載せるだけで、簡単にナノロッドができることです。欠点は、微粒子のサイズを揃えるのが難しいことと、結晶上にきちんと密集させて微粒子を載せないと、位置が定まらずに不均一になることです。またナノロッドの表面がむき出しになってしまいます。

次に選択成長法ですが、半導体結晶の表面をいったん非晶質ガラスの層で覆《おお》い、結晶成長させたい部分だけ、エッチングという技術で円形状に非晶質の層を剝《は》がします。この状態で結晶成長させると、非晶質上では結晶成長しないために、開口部分だけに成長が起こります。もとの半導体結晶の結晶方位、成長条件などを適切に選ぶことで、図53―1に示すような高密度で均一なナノロッドができます。冬季に湖に張った氷に穴を開けるようなものです。穴のところからにょきにょきと氷の結晶が生えてくるのといっしょです。非晶質膜の上では結晶成長が起こらず、開口部の底面にある半導体結晶の部分のみに結晶成長することから、選択成長法と呼ばれています。

この方法では、開口部の径に従ってロッドの径が決まるので、均一で高密度なナノロッドが得られます。さらに成長条件を選べば、ロッドの側面に横方向に結晶成長させることもできます。つまりロッドの側面に別な物質を付けて覆うことができるので、デバイスへの応用にとって重要な技術です。半導体の集積回路技術をつかえば、非晶質膜に開口部を開けるのは容易なので、選択成長法は工業的に適した技術といえるでしょう。（福井孝志）

コラム

【ノーベル賞：江崎玲於奈――半導体におけるトンネル効果の実験的発見（一九七三年）】

一九五六年、江崎玲於奈（写真）は東京通信工業株式会社（現在のソニー）在職中にpn接合ダイオードの研究を始めます。試行錯誤の後、ゲルマニウムのpn接合幅を薄くすると、その電流電圧特性が著しく変化することを発見しました。電圧を大きくするほど逆に電流が減少するという「負性抵抗」を示したのです。

AIP Emilio Segrè Visual Archives

量子力学の理論でトンネル効果はよく知られていましたが、江崎が発見した現象は、実際に物質中でトンネル効果が起こっていることを、世界で初めて示したのです。また、この発見は、電子工学において、オームの法則には従わない特性を持つトンネルダイオード（またはエサキダイオードと呼ばれる）という新しい電子デバイスを誕生させました。この成果により、一九七三年に、超伝導体内で同じくトンネル効果を実験的に示したＩ・ジェーバーと共にノーベル物理学賞を受賞。同じ年、ジョセフソン効果のＢ・ジョセフソンも物理学賞を受賞しています。江崎の発見は、当時、東通工が製造していたゲルマニウムトランジスタの不良品の中から、偶然トンネル効果を持つトランジスタが見つかったといわれています。

江崎はその後、一九六〇年に米国ＩＢＭトーマス・Ｊ・ワトソン研究所に移り、半導体薄膜を多層に重ねる超格子構造の概念を提唱しました。そして実際に分子線エピタキシー法と呼ばれる超高真空中で極めて精密に制御された薄膜結晶成長法を開発し、半導体人工超格子構造を実現しました。異なる物質を一原子ずつ層状に積み重ねることで、今までにない新しい性質を持つ物質が誕生したのです。この成果はその後の二つのノーベル賞（アルフョーロフの光エレクトロニクス（１８４ページ）とグリュンベルクの巨大磁気抵抗効果（２４３ページ））の基礎を作り、さまざまな応用展開がなされています。この半導体超格子の研究により一九九八年、江崎は日本国際賞を受賞しています。江崎が考案した超格子構造の研究や応用の広がりを考えると、二つ目のノーベル賞の可能性もあるのではないかと言われています。

なお、トンネル効果トランジスタは電圧による電流変化が大きいため制御が難しく、なかなか実用化になりませんでしたが、最近の超高効率太陽電池の中で、バンドギャップの異なるpn接合を重ねた際に、電気的に逆バイアスとなる各接合の界面をつなぐのにトンネル効果が利用されています。(福井孝志)

Q 54 LSI配線にカーボンナノチューブを使うと何がいい？

コンピュータでの計算やメモリーに用いられる大規模集積回路（ＬＳＩ）は、トランジスタを微細化して高密度に集積化することにより高性能化が図られてきました。その結果、トランジスタのサイズは数十nmという微小なサイズにまで微細化されてきました。一方、トランジスタには電圧を印加し、電流を取り出すための配線が必要です。トランジスタの微細化とともに配線も微細化され、多くのトランジスタや他の素子の間を複雑に結ぶように何層にも階層化されて張り巡らされています。これまで、ＬＳＩの配線には電気抵抗の小さい金属である銅が用いられていました。ところがそれには一つ問題があります。実は、金属の中の原子同士の結合がとても弱いことです。これは、金や銅を細い線に引き伸ばしたり、薄い箔にできたりすることからもわかります。その結果、細い銅線に大電流を流すと、電子の「風圧」をうけて銅の原子が流される「エレクトロマイグレーション」と呼ばれる原子移動が起こり、ついには、配線が断線することもあります。この現象は、微細化により配線が細くなって電流密度が増加するほど顕著になるので、高集積化を妨げる深刻な問題です。

この銅配線の問題を解決する材料として期待されているのがカーボンナノチューブ（CNT）です。CNTは、一九九〇年代の初めに日本の飯島澄男博士が発見したナノ材料で、炭素原子が強固な共有結合で結合した筒状の物質です。炭素原子間の共有結合の強さは、ダイヤモンドのモース硬度が一番高いことや、グラファイトを剝離すると最後の一枚のグラフェンを取り出せること（第6章Q55参照）からもわかります。CNTには直径が一nm程度の単層の筒から、筒が多重になった数十nmの直径のものまで様々な形態があります（図54―1）。金属と異なり、共有結合で互いにしっかりと結びついた炭素原子はエレクトロマイグレーションを起こさないので、銅に比べて一〇〇〇倍以上も高い電流密度に耐えられると予想されています。CNTには半導体的性質をもつものと、金属的性質をもつものがありますが、電気抵抗を低くするには金属的なものだけを用いるのが理想です。現状では両方が混ざったものになりますが、今後、金属CNTと半導体CNTを作り分けたり、両者を分離する技術の発展により、金属CNTだけ

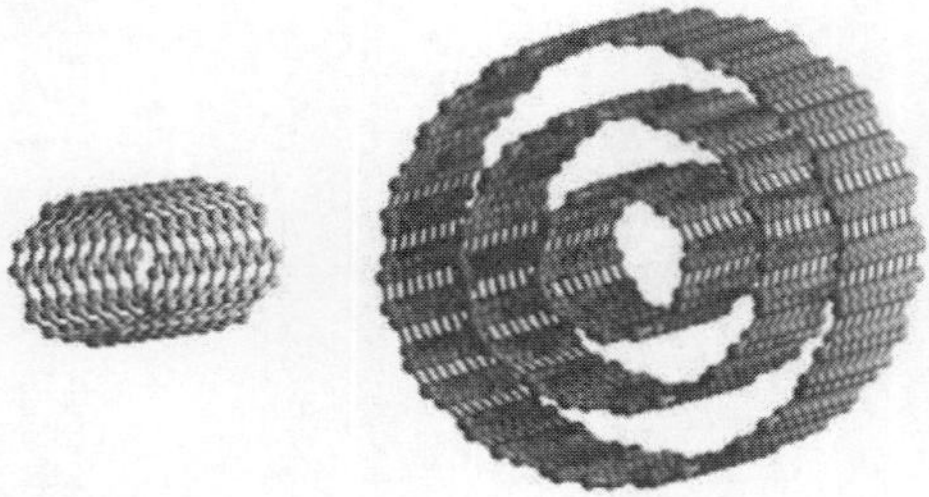

図54－1　カーボンナノチューブ（CNT）

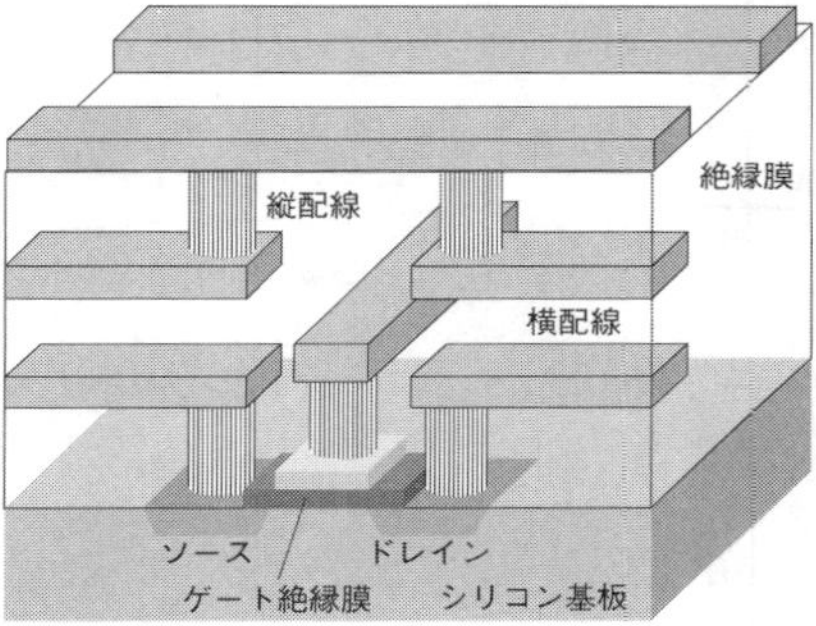

図54－2　LSIの多層配線

で配線を構成することも可能になると予想されます。また、理想的なＣＮＴ中の電子の伝導はバリスティック伝導と呼ばれる散乱を伴わない伝導になるので、電気抵抗が配線の長さによらないことも大きな魅力です。

　また、配線は平面的なものだけでなく、配線間を垂直につなぐことも必要です（図54－2）。銅配線では垂直につなぐ配線は縦穴に銅を埋め込んで作製するのですが、細く長い穴に銅を切れ目なく詰め込むのも困難な作業です。これに対し、穴の底から上層に向かってモヤシを生やすようにＣＮＴを直接合成する技術も開発されています。縦配線とつなぐ横配線については、数層のグラフェンを利用したり、別に合成したＣＮＴを高密度な薄膜状に固めたものをＬＳＩ基板上に転写して微細な配線に加工し、それにさらに銅メッキを施すことにより、抵抗率を低減するといった技術も開発されています。これは、ＣＮＴの強さと銅の電気抵抗の低さのいいとこ取りの構造となっています。（本間芳和）

Q 55

グラフェンを使ったトランジスタはなぜシリコンのトランジスタより動作が速いの?

グラフェンとは、炭素原子が蜂の巣状に平面に並んだ、一原子層からなる二次元物質です。このグラフェンが積み重なるとグラファイト（黒鉛）になります。グラファイトは、鉛筆の芯にも使われている、身近な物質です。

グラフェンは最近まで自然界には安定に存在しないと考えられていました。しかし、二〇〇四年にイギリス・マンチェスター大学のガイムとノボセロフは、粘着テープを用いて、グラフェンをグラファイトから引き剝《は》がして単離することに成功しました。さらに、彼らはこのグラフェンに三つの電極を付けてトランジスタを作製し、従来のシリコンで作ったトランジスタよりも一〇〇倍以上の高速で動作するという驚くべき研究結果を報告しました。これらの研究業績により彼らは二〇一〇年のノーベル物理学賞を受賞しました。

では、なぜグラフェンを用いたトランジスタが高速で動作するのでしょうか？　物理学や電子工学の言葉で言えば、グラフェン中の電子の「移動度」と呼ばれる物理量が、一般にトランジス

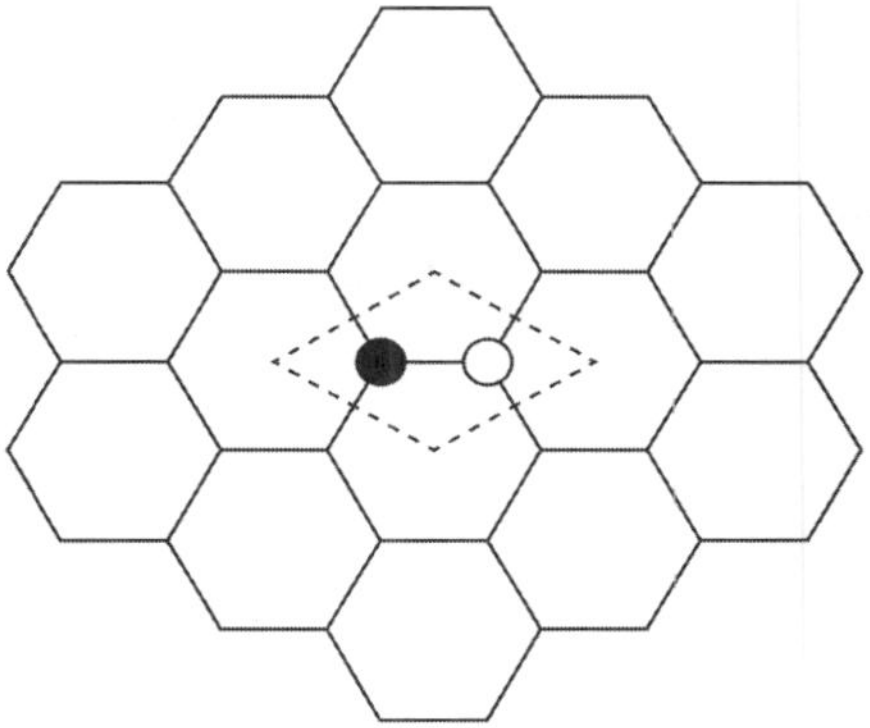

図55－1　グラフェンの蜂の巣構造と単位格子（点線）

タの材料として使われているシリコン中の電子の移動度よりも、一〇〇倍高いということになります。ここで移動度とは物質の中での電子の動き回りやすさを示す物理量です。この移動度は、電子の質量に反比例します。実はグラフェン中では電子はあたかも質量がゼロのように振る舞い、それゆえにグラフェン中の移動度は非常に高いのです。この電子の振る舞いは、正確には、特殊相対性理論と量子力学が融合した相対論的量子力学により説明されます。この相対論的量子力学はイギリスの鬼才ディラックにより創始されました。その詳細を述べることは本書の範疇《はんちゅう》を超えるため、興味のある方は朝永振一郎博士の著書などを参考にしてください。

さて、グラフェンの物理において最も重要な点はその構造にあります。対称性が物質の特性を決めることが物理の世界では知られていますが、冒頭で述べたようにグラフェンは図55―1に示す蜂の巣状の高い対称性を有します。そのため、グラフェン中の電子のエネルギーは運動量に比例することとなります。同様の関係は、光においても見られますので、光子と同様に、グラフェン中では電子の質量がゼロになるのです。それに対して、シリコンなどの通常の物質中では、電子のエネルギーは運動量の二乗に比例します。このような物質では電子はゼロでない質量を持ちます。こうした電子の質量の違いによって、グラフェンとその他の物質での電子の移動度の違いが生まれるのです。

最後に蛇足となりますが、グラフェンの物理には、同じく相対論的量子力学を母胎とする素粒子物理と多くの共通点があります。たとえば、ヒッグス場で起こる質量獲得機構と同様のことが、グラフェンが撓《たわ》むと起こることが理論的に予測されています。このように、グラフェンは物性物理学や電子工学の分野だけでなく、低エネルギー近似の素粒子物理学（お金のかからない〝テーブルトップの加速器実験〟）へ広がりを見せています。（吹留博一）

コラム

【ノーベル賞：アンドレ・ガイム、コンスタンチン・ノボセロフ――二次元物質グラフェンに関する革新的実験（二〇一〇年）】

ガイム（写真右）とノボセロフ（写真左）はロシア出身の物理学者で、グラフェンに関する革新的な実験的研究で二〇一〇年のノーベル物理学賞を受賞しました。ここでは他の文献ではあまり触れられない三つの点について紹介します。

第一の点は、グラフェンの基礎理論が発表された一九四七年の翌年に、奇しくも二〇世紀最大の発明であるトランジスタがアメリカ・ベル研究所にて開発されたという点です（Q50参照）。新聞報道ではトランジスタも当初は小さな扱いでした。しかし、ベル研究所が総力を挙げて研究を推進した結果、この一〇年も経たずにトランジスタの実用化に至りました。このトランジスタを端緒とした固体デバイス研究は現代文明を一変させました。それに対して、グラフェンはマンハッタン計画に端を発した研究です。原子炉用の部材の研究として一部で注目されましたが、一般的な実用化などには役に立たないものとしてグラフェンは埋もれていました。そのため、グラフェンの研究はつい最近まで進展していませんでした。しかし、世界最初のトランジスタ特許とされているものを見直してみると、現在用いられているシリコンなどの半導体材料に加えて、グラフェンのような原子レベルで薄い金属の板も想定した節があります。こう考えると、グラフェンの研究は、最先端というよりも、むしろ、原点に戻ったものであると言えます。

二番目の点は、多くの表面科学者は、ガイムらの研究の前に、気付かないうちにグラフェンを手にしていたという点です。表面科学ではグラファイトは標準試料であり、表面をきれいにするために粘着テープを用いて汚れた表面のグラフェンを引き剝《は》がす作業をしていました。ここが大きな分かれ目となるのですが、表面科学者は清浄化されたグラファイト表面には細心の注意を払って実験していたのですが、粘着テープの方にあったグラフェンには見向きもしませんでした。おそらく、多くの表面科学者は、ガイムらの研究を聞いて「しまった！」と叫んだに違いありません。また、それ以外の人でも、日常使っている鉛筆で書いている紙の表面に、実は無数のグラフェンを作っていたのです。グラフェンは「足許にこそ宝物が眠っている」という格言の良い実例です。

最後の点ですが、それでは、なぜガイムらは足許の宝石に気付いたのでしょうか？その理由は、彼らの柔軟な発想にあります。このことは、ガイムがノーベル賞とイグ・ノーベル賞の両方を受賞した人物であることに表れています。イグ・ノーベル賞では、「頓智の効いた」研究が受賞対象になります。ガイムのイグ・ノーベル賞の受賞理由は、非常に強い磁場の力によって生きたカエルを浮揚させたことです。通常、学校では磁力だけで物体を安定的に宙に浮かすことはできないと教えられます。しかし、カエルのように手足を動かすことができる生き物の場合には、安定に宙に浮かせられるようになります。このようにして、ガイムはこれまで常識とされてきたことの間違いをユーモラスなカエルの動画で示しました。まさに、頓智の効いた研究です。このように彼らの研究は、遊び心を持って研究を行うことの大事さを示すものです。みなさん、遊び心を持てばノーベル賞はあなたのものになるかもしれません！（吹留博一）

Q56 トランジスタを使った「バイオセンサー」って何？

Q50でも述べたように、トランジスタは戦後間もなくアメリカで発明され、それまで主流だった真空管が小さなトランジスタに取って代わられたのです。これによって微弱な電気信号を大きな電気信号に変える「増幅器」が実現し、トランジスタは、電子工学の分野で革命を起こしました。

その発明者たちは、トランジスタをさっそくラジオに利用し、携帯型のラジオが世の中に出回りました。その後、集積回路（たくさんのトランジスタや抵抗、コンデンサなどの電子部品を一つに集めて計算や記録をする装置で、ＩＣと呼びます）の技術が進んで、どんどんトランジスタのサイズは小さくなり、エネルギー消費の小さな演算回路や記憶回路が実現しました。今ではＩＣは、コンピュータばかりでなく自動車やスマートフォンなど、あらゆる分野で使われています。

このようなすぐれもののトランジスタですから、ほかの用途にも使えるであろうと思うのは当然です。その一つが「バイオセンサー」です。バイオセンサーとは、免疫反応のような生体物質が起こしている化学反応や、毒物など生体に反応する特定の物質を感知するデバイスです。

トランジスタにも様々な形のものがありますが、バイオセンサーに利用されているのは、現在、

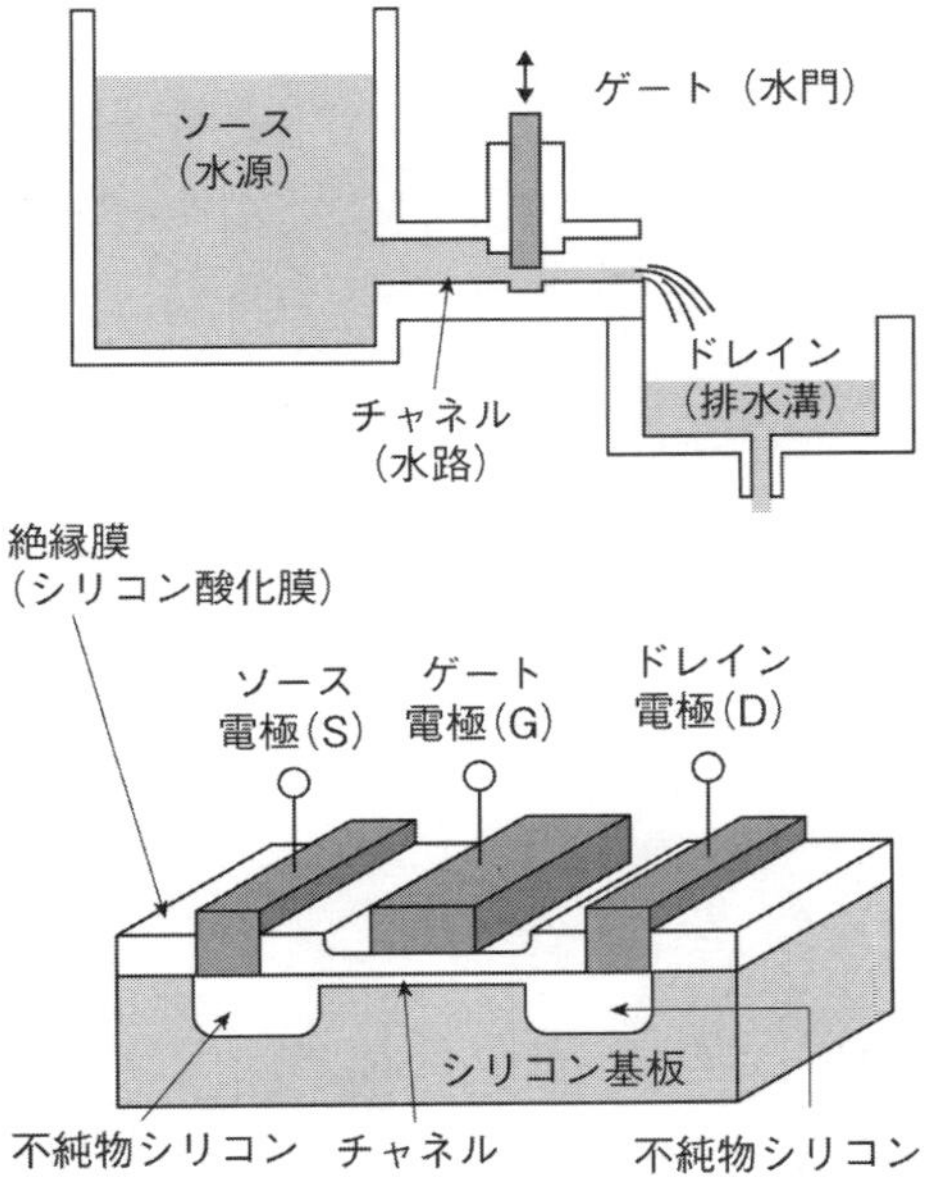

図56－１　電界効果型トランジスタ（ＦＥＴ）

集積回路に用いられている電界効果型トランジスタ（ＦＥＴ）だけです。構造は図56－１のように、電流源となるソース電極（Ｓ）、電気を受け取るドレイン電極（Ｄ）、その電流を制御するゲート電極（Ｇ）からできています。電流を水の流れにたとえれば、水源がＳ、排水溝がＤ、両者の水位差でできる水の流れを調整する水門がＧということになります。ＦＥＴでは、ソースとドレインの間に電位差を加えることによって電流を流し、その大きさをゲートにかける電

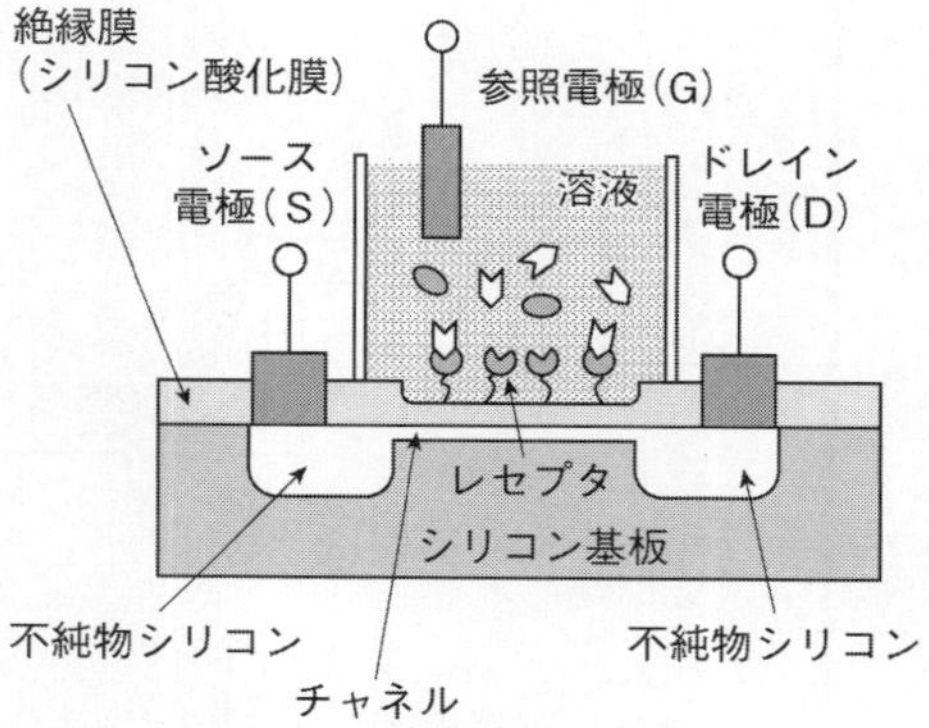

図56－2　FETバイオセンサー

圧で調整します。ゲート電圧によって、電流の流れる通路（チャネルとよびます）が広がったり狭まったりして流れる電流の量が変わります。

このような仕組みのトランジスタをバイオセンサーとして用いるには、ゲートのところを図56－2に示すように細工します。ゲート電極の代わりに生体物質を含む溶液を置き、溶液中にゲート電圧をかける電極（参照電極）を差し込みます。すると、溶液中で生体物質が起こしている化学反応を、トランジスタの出力として検知できるのです。ここで、表面科学の知識や技術が活用されます。バイオセンサーでは、鍵と鍵穴の関係で生体分子や生体物質を検知します。これを分子認識といいます。図56－2に示すように、検知しようとする分子（鍵）と選択的に結合しやすい分子（レセプタ、鍵穴）をトランジスタの表面上に結合させておき

（固定化とよびます）、溶液中に検知しようとする分子（鍵）があると、それらの分子がレセプタに次々に吸着します。その結果、分子が電荷を持っていれば、その電荷によって表面付近の電位が変化して、ソース電極からドレイン電極に流れる電流が変化します。つまり、通常のＦＥＴでゲート電極にかける電圧の代わりに、分子の吸着によって発生する電圧を利用するというわけです。これがＦＥＴバイオセンサーの原理です。また、トランジスタ表面上にレセプタを固定化せずに用いれば、溶液中のイオンの濃度によってソース・ドレイン間の電流が変化し、イオン濃度を高感度で計測することもできます。これがイオン感応型ＦＥＴとよばれるセンサーで、生体物質の検知にも使われています。

このようなトランジスタ構造を利用したバイオセンサーは、小型であること、感度が高いこと、一度にたくさん作れることなど、好都合な特徴がたくさんあります。特に、集積回路と同じように、ＩＣの作製技術を用いて、同じ基板上にたくさんＦＥＴバイオセンサーを作り、それぞれに異なるレセプタを固定すれば、異なる種類の生体分子や物質を一度に数多く検出することができます。このようなセンサーをたとえばＤＮＡの解析に応用すれば、多数の種類のＤＮＡの塩基配列を一度に網羅的に解析することも可能になります。

ＦＥＴバイオセンサーの課題としては、トランジスタ表面をイオンなどを含んだ溶液に曝《さら》すために耐水性に優れたものにする必要があること、レセプタを効率よくかつ安定してトランジスタ表面に固定化すること、また、レセプタに対して鍵と鍵穴の関係にない分子や物質が表面に付く(これを非特異吸着とよびます)のを抑えることなどです。いずれも、表面科学や表面工学の知識を利用して解決できる課題であり、現在FETバイオセンサーの性能向上のための研究が続けられています。(庭野道夫)

Q57 磁気センサーはどこまで感度が上がるの？

みなさんが使っているコンピュータの中のハードディスクは、どのくらいの記憶容量がありますか？　私のノートパソコンには、直径二・五インチ（約六・四cm）で容量五〇〇GBのハードディスクが搭載されています。これは、二進数で使う0か1を表す「ビット」が、約二・五cm四方に約一兆（一T）個も詰まっていることを意味します。逆に言えば、一辺約三〇nm（10^{-9}m）の中に一つのビットが入っているのです。ハードディスクでは、それぞれのビットは磁石になっていて、磁石の向き（N極がどちらを向いているか）によって0と1を区別して記録されています。このような小さい磁石から漏れ出ている微弱な磁場を感知し、その磁石の向きを瞬時に見分けて情報を読み出しているのが「磁気センサー」です。とくにハードディスクで使われているものは「読み取りヘッド」といいます。では、その読み取りヘッドは、どのような仕組みになっているのでしょうか。

最近の読み取りヘッドには、「磁気抵抗効果」という現象が利用されています。二〇〇七年のノーベル物理学賞は、巨大磁気抵抗効果を発見したグリュンベルク（ドイツ）とフェール（フランス）

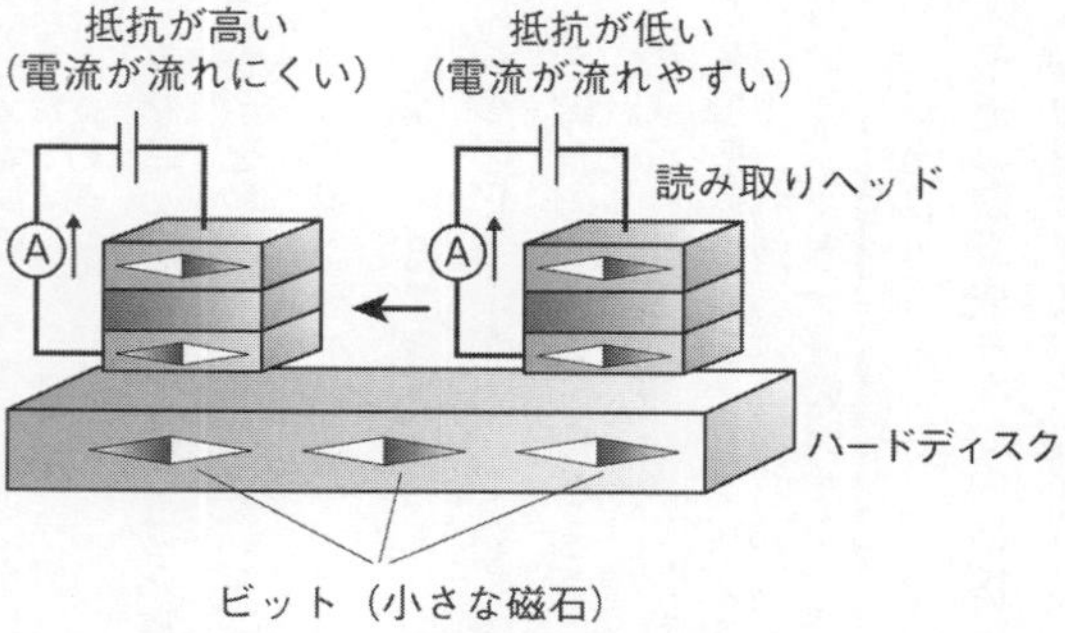

図57－1　磁気抵抗効果を利用した読み取りヘッドのイメージ

に贈られました（243ページ）。磁気抵抗効果とは、非常に薄い二つの磁性体（磁性薄膜）の間に磁性を持たない薄膜（非磁性層）を挟んだとき、二つの磁性薄膜の中のN極とS極の向きが同じ場合には電流が流れやすく（抵抗が低く）、逆向きの場合には電流が流れにくい（抵抗が高い）という現象です。図57－1に示すように、このような構造をもつ読み取りヘッドをハードディスクに近づけると、ビット（小さい磁石）から漏れ出る磁場を感じて、二つの磁性薄膜のうちハードディスクに近い方の薄膜の磁石の向きがビットの向きに応じて変わります。このとき、もう一方の磁性薄膜の中の磁石の向きは変わらないようにしっかり固定しておけば、磁気抵抗効果によって電気抵抗が変化し、ビットの磁石がどちらを向いているかを知ることができるのです。

ハードディスクの記憶容量が増えれば増えるほど、一つのビットの磁石が小さくなるので、そこから漏れ出る磁場が弱くなります。そのため、より高感度な読み取りヘッドが必要になります。それでは、磁気抵抗効果を用いた読み取りヘッドの感度を上げるにはどうしたらよいでしょうか。最も重要なのは、「磁気抵抗比」を大きくすること、つまり二つの磁性薄膜の中の磁石が同じ向きを向いているときと逆を向いているときの電気抵抗の違いを大きくすることです。このために、磁性薄膜それ自体や、その間に挟む非磁性層の材料をうまく選ぶことはもちろんですが、異なる薄膜が接しているところ（界面）を原子レベルで平坦にし、薄膜の中の原子が規則正しく並ぶようにする（結晶性をよくする）ことが大切です。そのために、薄膜を作るときの条件を適切に制御します。また、いくら磁気抵抗比が大きくても、抵抗の値そのものが大き過ぎると、電流を測るのが大変になってノイズが大きくなり、読み取り速度も遅くなってしまいますので、抵抗値そのものも適切な値である必要があります。

磁気抵抗効果が読み取りヘッドに利用されるようになったのは二〇世紀の終わりですが、二〇〇五年頃には間に挟む非磁性層として結晶性の良い酸化マグネシウムを用いることで、大幅に磁気抵抗比が向上することを日本の研究者が発見しました。この酸化マグネシウムは絶縁体なので、このとき流れる電流は量子効果によるトンネル電流と呼ばれるものです。そこで非磁性層が金属の場合と区別して、「トンネル磁気抵抗効果」と呼ばれます。現在も、さらに高い磁気抵抗比と低い抵抗値の両立を目指して、原子レベルで積層構造を制御して磁性多層膜を作り、様々な工夫が続けられています。最近では二・五cm四方あたり五Tビット以上の高密度でも読み取りができるようになっています。（雨宮健太）

コラム

【ノーベル賞：ピーター・グリュンベルク――巨大磁気抵抗効果の発見（二〇〇七年）】

グリュンベルクはドイツのユーリッヒ固体物理研究所の教授です（写真）。磁性体をナノメートル（10^{-9} m）のレベルにまで薄くしたり、種類の異なる薄い磁性体を何枚も重ねたりすることによって、普通の磁石では実現できないような特殊な磁性を生み出す研究をしていました。磁性体を薄くするといっても、機械で削って薄くするわけではなく、真空中で磁性体の元となる金属を蒸発させてその蒸気を基板の上に積もらせることで、望みどおりの磁性体の薄膜を作ってゆくのです。こうして作った薄い磁性体を磁性薄膜と呼び、違う種類の磁性薄膜をたくさん重ねたものを磁性多層膜と呼びます。

あるときグリュンベルクは、二つの磁性薄膜の

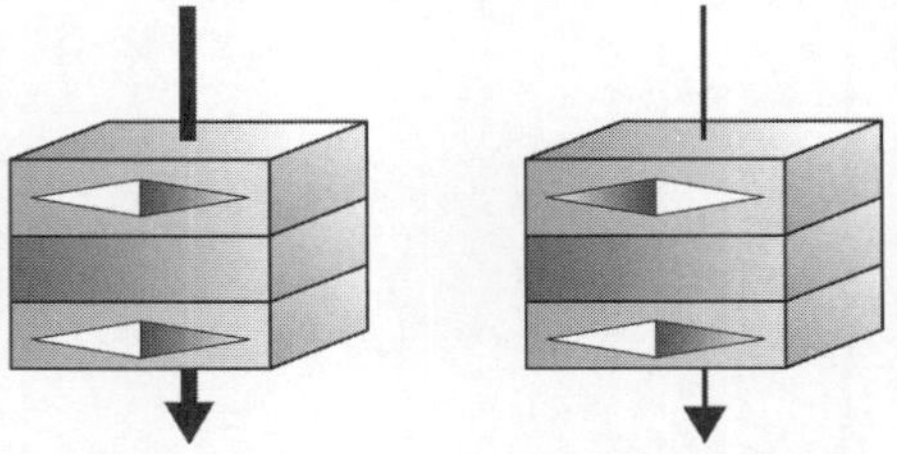

図　巨大磁気抵抗効果の概念図

間に、磁性を持たない薄膜（非磁性層）を挟み込むと、間の非磁性層がある特別な厚さのときに、両側の磁性薄膜が互いにN極とS極を逆に向けた磁石になりたがる性質（反強磁性結合）があることを発見しました。これは、非磁性層を通して、両側の磁性薄膜が磁気的な力を及ぼし合っていることを意味しています。さらに驚くべきことに、このように非磁性層によって隔てられた磁性薄膜に電流を流すと、二つの磁性薄膜のN極とS極が同じ向きを向いているときには電流が流れやすく（抵抗が低く）、逆向きのときには電流が流れにくい（抵抗が高い）という現象を発見しました（図）。この現象は一九八九年に論文として発表され、後に巨大磁気抵抗効果と名づけられました。

　これは磁石の向きによって電気抵抗を大きく変化させられるという画期的な発見です。実際、巨大磁気抵抗効果は、ハードディスクのような磁石の向きによって情報を記録する装置の中で、一つ一つの磁石がどちらを向いているかを高感度に読み取るための「磁気読み取りヘッド」として実用化され、ハードディスクの高密度化に大きく貢献しています。二〇〇七年、グリュンベルクのこのような功績が認められ、同じ時期に独立して巨大磁気抵抗効果を発見したアルベール・フェールとともにノーベル物理学賞を受賞しました。巨大磁気抵抗効果を利用した磁気読み取りヘッドは、現在でも改良を繰り返しながら使われ続けており、私たちの生きる情報化社会を支えているのです。(雨宮健太)

Q58 一個の分子を電子部品として利用できるの？

毎日使っているスマートフォンやパソコンの性能の向上にはめざましいものがあります。それはひとえに電子部品を小さくすることによってもたらされたといっても過言ではありません。二〇一四年現在、最先端の素子は二〇nm（原子一〇〇個分）の精度で作られています。ただこのペースで部品がどんどん小さくなっていくと、いつかそのサイズが一個の原子、分子スケールとなり、そこが限界であることは明らかです。そこで、いっそのこと一個の分子に電子部品の働きをさせようという、「単分子エレクトロニクス」というアイディアが提案されました。この単分子エレクトロニクスが実現できれば、桁違いに高性能な究極のコンピュータができると期待されています。

単分子エレクトロニクスを実現するには、まず一個の分子の電気伝導度（電気抵抗の逆数）を測定する必要があります。では、どうやって一個の分子の電気伝導度を測定するのでしょうか。実は、図58—1のように分子が周囲にたくさん存在する状態で、金属のワイヤを引きちぎることで意外なほど簡単にできます（ブレイク・ジャンクション法、または破断接点法と呼ばれていま

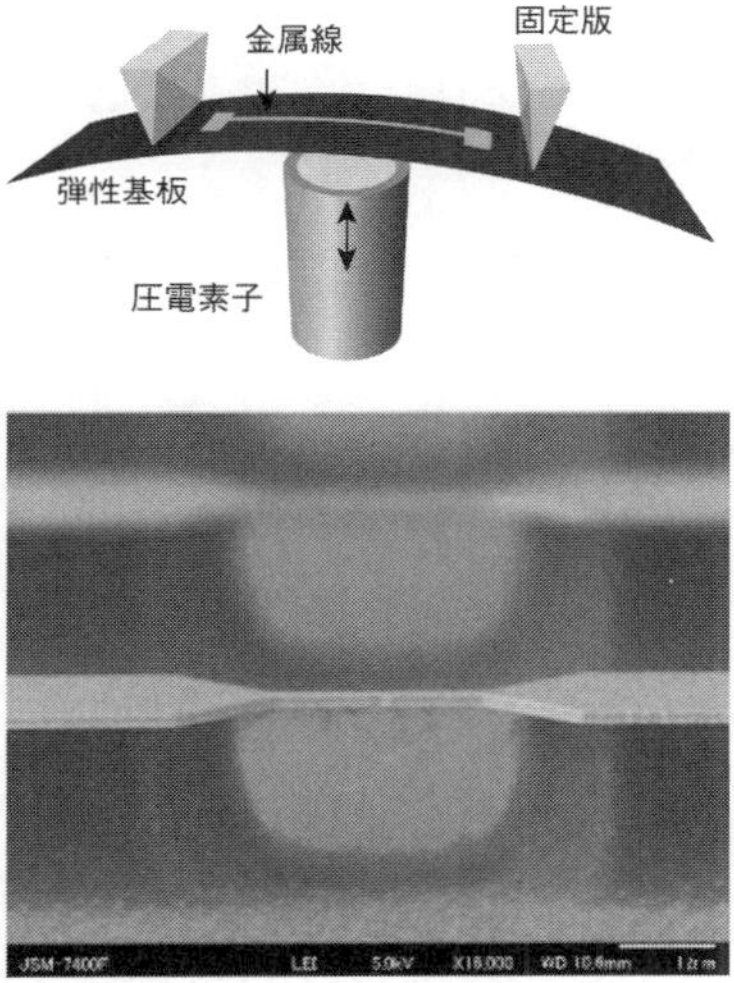

図 58 － 2

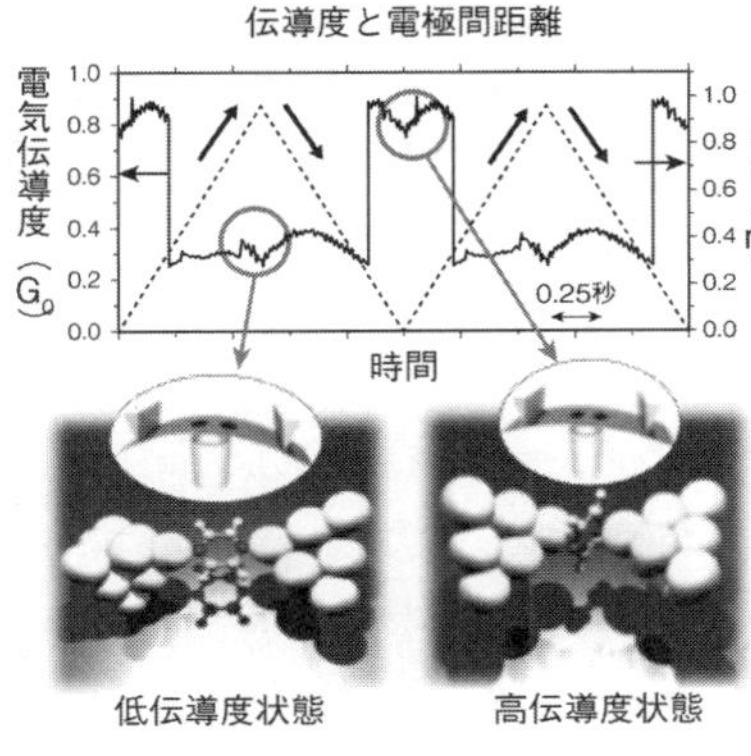

図 58 － 3

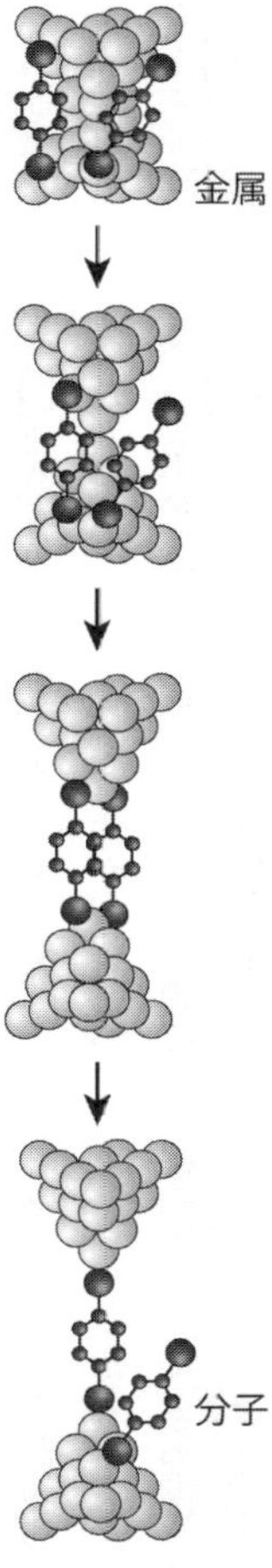

図 58 － 1

単分子スイッチ。電極間距離を変えることで単分子の伝導度を２つの値でスイッチできるす)。金属線を引っ張っていくと、金属線は細くなり、切れる直前に金属の単一原子の接点ができます。この単原子接点をさらに引っ張ると、金属線は破断しナノスケールのギャップが形成されます。分子が金属ワイヤの周囲に存在すると、このギャップに分子が捕らえられ金属電極間を架橋します。さらに電極間を引っ張っていくと、架橋する分子の数が減少し、最後には一個の分子が架橋した構造が形成されます。このようにして、単分子接合をつくり、破断した金属電極間に電流を流すことによって一個の分子の電気伝導度を計測することができるのです。この破断接点法は、一原子や一分子を観察する走査型トンネル顕微鏡などの先端計測機器を使って行うこともできますが、ここでは、もっと簡単にできる「機械制御型破断接点法(MCBJ法)」という手法を紹介しましょう。

MCBJ法では図58―2に示すように金属線を弾性基板上に固定し、三点曲げの要領で基板を曲げることで、金属線を破断します。電圧をかけると長さの変わる圧電素子を用いることで基板の湾曲具合を精密に制御し、伸張距離をナノスケールで制御します。MCBJに用いる基板は、図に示すようなナノスケールの電極を使いますが、より簡単な方法で作った基板でも十分計測できます。たとえばリン青銅など弾性に優れた厚さ一㎜程度の金属基板の上に、絶縁性テープを貼り、その上に太さ〇・一㎜程度の金属線を接着剤で固定するだけで、単原子接点での電気抵抗の測定ができるので、オランダの国立博物館では、小学生を対象とした展示実験として採用しています。

現在では単分子トランジスタや単分子発光素子、単分子整流素子など電子部品として利用できそうな様々な単分子素子が実験室レベルでは報告されるようになってきました。ここでは、単分子のスイッチについて紹介しましょう。図58―3は、ピラジン分子が架橋した単分子接合を押したり引いたりした時の電気伝導度変化です。単分子接合の電気伝導度が〇・八G0と〇・三G0の二値の間をスイッチングしています。ここでG0とは金原子一個の電気伝導度で、おおよそ一三kΩの抵抗の逆数です。目で見えるスケールの物質を人間の力程度の力で押したり引いたりしても、物質の電気伝導度はあまり変化しませんが、この単分子スイッチでは、わずかな力でギャップ間隔が変わって電気伝導度を二倍以上も変化させることができるのです。（木口学）

Q 59 スマホやPCのディスプレイはどうなっているの？

液晶ディスプレイは、薄型、低消費電力などの特長を活かしてテレビ、ノートPC、スマートフォンなどに利用され、現在の情報化社会では必要不可欠な電子部品です。テレビと携帯電話では液晶ディスプレイのサイズが異なりますが、動作基本原理はすべて同じです。図59―1に液晶ディスプレイの構造の模式図を示します。バックライトと呼ばれる光源から出た光は、二枚の偏光板とそれに挟まれた液晶層によって光量が変調されます。つまり、それぞれの画素ごとに配置されている液晶層に電気信号が印加されて、それによって光の透過率が変わって光量を変調しています。それぞれの画素には赤、緑、青色のカラーフィルタ（色層）がついているので、そこを光が通過することによってそれぞれの色の画素となり全体でフルカラーの画像を表示しています。液晶分子の向きを電圧の印加で制御し、その結果、バックライトの光を遮ったり通過させたりして、一つ一つの画素を表示しているのです。

液晶ディスプレイの表示性能は、画面全体のサイズとともに解像度が重要になります。解像度とは画像を表示する際の点の数（画素数）です。多くのブラウン管テレビの画素数は約三〇万

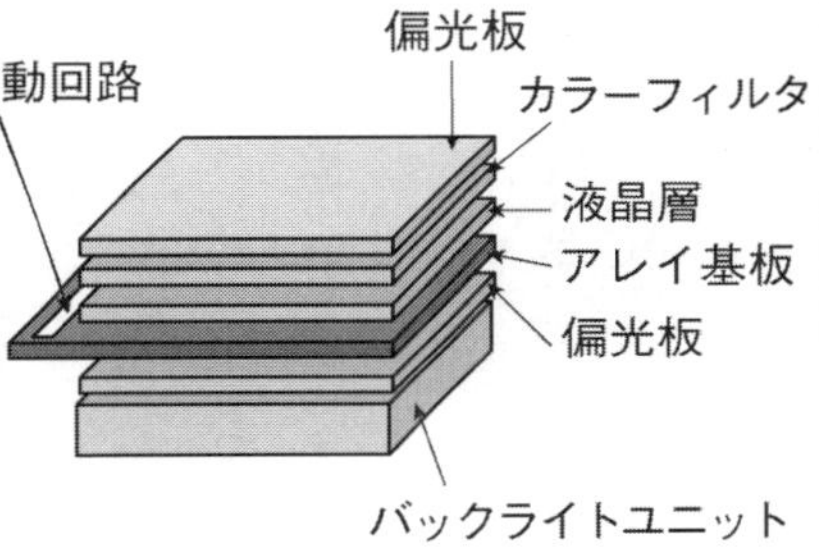

図59－1　液晶ディスプレイの構造

個でした。しかし、液晶テレビやプラズマテレビが主流となりデジタル放送が開始されると、画素数は画面全体で約一〇〇万個となり、さらには約二〇〇万個と飛躍的に増加してきました。近年は４Ｋテレビ（約八〇〇万個の画素）が発売され、さらなる高解像度化が進んでいます。同様に、携帯電話の画面の画素数は当初八万個程度でしたが、最近のスマートフォンではテレビと同じくらいの画素数となってきています。おそらくテレビと同様の流れで、さらなる高解像度化が進んでいくことでしょう。

さて、テレビとスマートフォンの液晶ディスプレイは上述したように動作基本原理は同じで、かつ同様の解像度です。ではいったい何が異なるかといえば、それはサイズです。つまり同様の解像度であっても、画素一つ一つの大きさが異なるのです。たとえば四二インチのテレビの画素の大きさは四八四㎛四方で、一方、五インチのスマートフォンでは五八

μm四方となり、一〇分の一の大きさです。

なぜスマートフォンではここまで画素を小さくしているのでしょうか？　それは、テレビとスマートフォンで見る距離が異なるためです。テレビは比較的離れて見るため画素が大きくても人間の目には認識することができません。一方、スマートフォンのように近くで見る場合は画素を小さくしないと人間の目に一個一個の画素が見えてしまい、ざらざらな画像になってしまいます。

それほど画素が小さい場合、問題となるのが光の利用効率です。画素一つ一つには薄膜トランジスタが配置されており、それを介して液晶に電圧を印加して画素ごとに光の強さを変えています。薄膜トランジスタは不透明なため、多くの薄膜トランジスタを用いるとそれだけ光の利用効率が下がってしまいます。そこで、近年のスマートフォン用液晶ディスプレイでは、薄膜トランジスタに低温多結晶シリコンを用いています。テレビ用の薄膜トランジスタはアモルファスシリコンを用いています。前者は多結晶のため電子が動きやすく、後者は結晶性が悪いため電子の動きが遅いのが特徴です。実際には多結晶シリコンはアモルファスシリコンに比べ約二桁も動きが速いので、各画素に配置される薄膜トランジスタを小さくすることができます。そのため、アモルファスシリコンにくらべて多結晶シリコンを用いた場合は光の利用効率を高くできます。

液晶ディスプレイは大画面上に均一に薄膜を作る技術が重要になります。畳ほどのガラス基板上にナノメートルからマイクロメートル程度の厚さの薄膜を均一に作り、数μmのサイズで多数の薄膜トランジスタを並べて作っています。さらにガラス上に製膜したアモルファスシリコンを多結晶化して薄膜トランジスタを製作しています。この工程が非常に難しいため量産できる会社は世界でも数社しかないのが現状です。液晶ディスプレイは材料技術、薄膜技術、電気工学など、化学、物理、電気、機械など様々な技術を用いた非常に複雑な電子部品なのです。（岡真一郎）

コラム

【ノーベル賞：オーエン・リチャードソン——熱電子放出の研究、特に彼にちなんで命名されたリチャードソンの法則の発見（一九二八年）】

リチャードソン（写真）は英国の物理学者であり、熱電子放出に関する研究および熱電子放出に関する法則の発見で一九二八年度のノーベル物理学賞を受賞しています。熱電子放出とは、高温に加熱した金属の表面から電子が外に放出される現象です。金属内部にある電子は、図に示すように絶対零度ではフェルミ準位と呼ばれるエネルギー以下の状態にだけ存在しています。一方、電子が金属の外に飛び出すためには、電子のエネルギーが真空準位と呼ばれる値よりも高い必要があります。

フェルミ準位は真空準位より低いため、絶対零度で金属の中の電子が外に放出されることはありません。真空準位とフェルミ準位のエネルギーの差を仕事関数といいます。多くの金属の

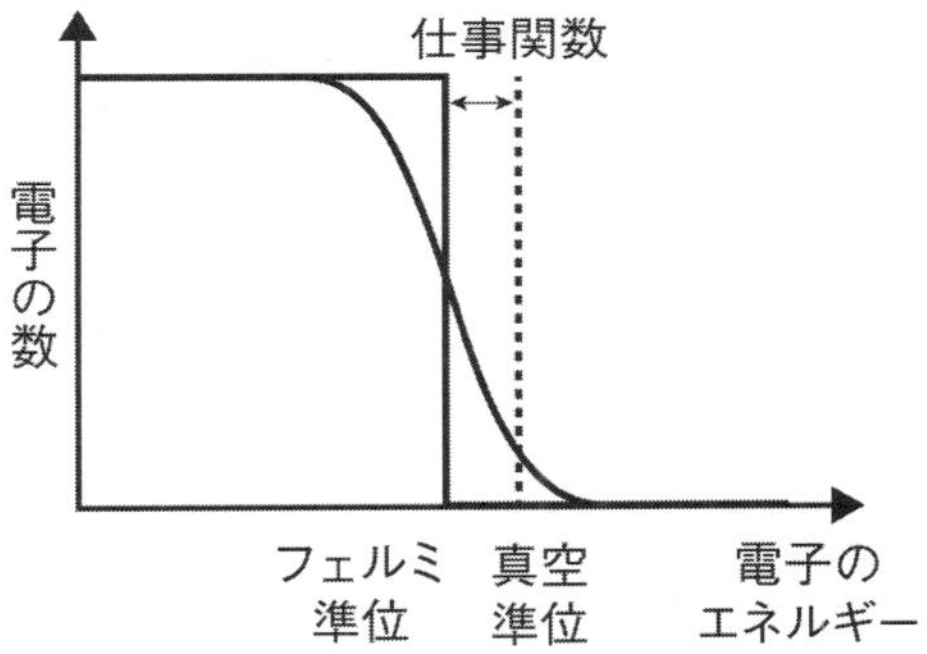

図　絶対零度（直線）および高温（曲線）での金属中の電子の分布の模式図

仕事関数の大きさは室温での熱エネルギーよりもはるかに大きいので、室温においても電子は金属から外に飛び出しません。しかしながら、金属が一〇〇〇℃以上の高温に加熱されると、図に示すように電子の一部は真空準位を超えるエネルギーを持ち、金属の表面から外に放出されます。この現象が熱電子放出です。加熱されたフィラメントからの熱電子放出現象はエジソンの実験により一九世紀には知られていましたが、金属中の電子に熱エネルギーが加わることによって外に放出される機構は、二〇世紀に入ってからリチャードソンにより明らかにされました。

リチャードソンの業績は、金属電子論を土台とした素晴らしい物理学の成果ですが、応用面でも電子放出の意義は極めて大きく、ノーベル賞授賞時には、選考委員長が真空管と医療用のX線管を取り上げ、社会への大きな寄与をたたえています。ブラウン管テレビに代表される真空管を用いた電気・電子信号の制御は当時、花形の科学技術でしたが、現在はその技術の大部分は半導体技術に置き換わっています。しかしながら、半導体の界面を通過する電子に対しても熱電子放出の理論はそのまま適用でき、リチャードソンの成果は現在の半導体工学においても重要な位置を占めています。X線管については、真空中に放出させた電子を高電圧で加速し、物質に衝突させることでX線を発生する方法が、現在もレントゲン撮影などに利用されています。また、金属から電子を取り出しやすくするため、金属の表面の性質を変え、仕事関数を小さくする研究も盛んに行われています。（須崎友文）

Q 60 これからの表面科学はどうなるの？

科学の研究には二つのタイプがあるようです。その一つは謎を解明する研究。たとえば、宇宙に満ち満ちているといわれるダークマターやダークエネルギーの正体をつきとめる研究。脳の仕組みを解明して記憶や思考のメカニズムを科学的に明らかにする研究などです。もう一つの研究のタイプは、今までの限界を超えてさらに良いもの、すばらしいものを目指す研究です。もっと高性能のコンピュータや電池を作る研究、もっと効率的に排ガスや汚染水を浄化する方法の研究、今まで見えなかったものを見えるようにする顕微鏡の研究などいろいろあります。表面科学の研究は明らかに後者のタイプに属するでしょう。しかし、後者のタイプの研究であっても、今までの限界を超えてその先に進むには、そこで起こっている現象や仕組みを精緻に解明する必要がありますので、謎を解明するという第一のタイプの研究の側面も持っています。また、第二のタイプの研究では、何を目指すのか、目標の設定自体が大変重要になってきます。

これから一〇年、二〇年の間に表面科学が目指すべき大きなテーマはエネルギー問題と環境問題であることは間違いありません。原発問題や地球温暖化問題がすでに私たちの生活に直接影響を与えているのはご存じのとおりです。これら大きな問題の解決に寄与するために、この本で紹介した研究例から、多くの研究者がさまざまなアプローチで、多種多様な表面科学の手法とツールを駆使して取り組んでいる様子がおわかりいただけたと思います。太陽電池、燃料電池、摩擦の制御、省エネデバイス、各種センサーなどなど、それらの研究は現在進行形で進展しており、決して目標が達成された過去の研究ではありません。たとえば、ノーベル賞を受賞した青色発光ダイオードに関してもさらなる高性能化の研究や新しい応用を目指した研究が続いているのです。

現状の限界を超えてさらに先に進むには、これらの研究のフロンティアにおいて、物質・材料表面の構造や性質を原子・分子レベル、あるいはナノメートルスケールで解明し、さらにそれらを制御して、所望の特性を引き出すことが鍵となっています。そのため、物理、化学、生物、工学などさまざまな知識が融合して活用されています。いま人類が直面している問題は、ひとつの学問分野での知識だけではとても太刀打ちできない大きな問題なのです。表面科学という舞台で従来の学問分野がいくつか融合しつつ、大きな研究の流れとなっています。「表面」が地球を救う、という意気込みで研究者たちは日夜研究に励んでいます。（長谷川修司）

参考図書・資料

日本表面科学会編　現代表面科学シリーズ第1巻『表面科学こと始め――開拓者たちのひらめきに学ぶ』共立出版　二〇一二年
日本表面科学会編　現代表面科学シリーズ第2巻『表面科学の基礎』共立出版　二〇一三年
日本表面科学会編　現代表面科学シリーズ第3巻『表面物性』共立出版　二〇一二年
日本表面科学会編　現代表面科学シリーズ第4巻『表面新物質創製』共立出版　二〇一一年
日本表面科学会編　現代表面科学シリーズ第5巻『ひとの暮らしと表面科学』共立出版　二〇一一年
日本放射光学会編『放射光が解き明かす驚異のナノ世界』講談社ブルーバックス　二〇一一年
JSTチャンネル「Webラーニングプラザ　身近な表面科学と表面分析――触媒と表面分析」
https://www.youtube.com/watch?v=8zyIS8ACUhA&index=19&list=PL05D2EF8A504DD3F8
岩田博夫・加藤功一・木村俊作・田畑泰彦　化学マスター講座『バイオマテリアル』丸善出版　二〇一三年

松川宏　岩波講座物理の世界『摩擦の物理』二〇一二年
藤嶋昭・橋本和仁・渡部俊也　入門ビジュアルサイエンス『光触媒のしくみ』日本実業出版社
二〇〇〇年
吉岡大二郎『振動と波動』東京大学出版会　二〇〇五年
本間琢也監修『図解　燃料電池のすべて』工業調査会　二〇〇三年
日本化学会編『放射光が拓く化学の現在と未来』化学同人　二〇一四年
土肥義治監修『ノーベル賞がわかる事典』ＰＨＰ出版　二〇〇九年
P. A. M. Dirac, "The Quantum Theory of the Electron", Proc. R. Soc. London A 117, 610 1928
朝永振一郎『新版スピンはめぐる』みすず書房　二〇〇八年

企画・監修　尾嶋正治　前学会会長

編集担当者一覧

第1章　板倉明子（物質・材料研究機構）出版担当理事（編集幹事）
第2章　中嶋　健（東京工業大学大学院理工学研究科）
第3章　荻野俊郎（横浜国立大学大学院工学研究院）学会会長
第4章　佐々木成朗（電気通信大学大学院情報理工学研究科）
第5章　尾嶋正治（東京大学放射光連携研究機構）前学会会長
第6章　長谷川修司（東京大学大学院理学系研究科）
コラム　近藤　寛（慶應義塾大学理工学部）出版委員長（編集幹事）
　　　　福井賢一（大阪大学大学院基礎工学研究科）

執筆者一覧（五十音順）

雨宮健太（高エネルギー加速器研究機構）
猪飼　篤（東京工業大学）
池田太一（物質・材料研究機構）
板倉明子（物質・材料研究機構）
魚津吉弘（三菱レイヨン株式会社）
打越哲郎（物質・材料研究機構）
岡　真一郎（株式会社ジャパンディスプレイ）
尾嶋正治（東京大学）
小幡　章（日本文理大学）
加納　眞（神奈川県産業技術センター）
木口　学（東京工業大学）
北山雄己哉（神戸大学）
久保田　純（福岡大学）
龔　剣萍（北海道大学）
近藤　寛（慶應義塾大学）
齋藤　彰（大阪大学）
佐々木成朗（電気通信大学）
定家恵実（ライオン株式会社）
須崎友文（東京工業大学）
高井まどか（東京大学）
竹内俊文（神戸大学）
手老龍吾（豊橋技術科学大学）
冨重圭一（東北大学）
内藤昌信（物質・材料研究機構）
名和哲兵（ホーユー総合研究所）
庭野道夫（東北大学）
野坂正隆（東京大学）

執筆者一覧（五十音順）

長谷川修司（東京大学）
長谷川　剛（早稲田大学）
波多野恭弘（東京大学）
針山孝彦（浜松医科大学）
平野愛弓（東北大学）
深澤倫子（明治大学）
吹留博一（東北大学）
福井孝志（北海道大学）
藤井政俊（島根大学）
藤岡　洋（東京大学）
本間芳和（東京理科大学）
前野洋平（日東電工株式会社）
松川　宏（青山学院大学）
松永知佳（物質・材料研究機構）
三浦浩治（愛知教育大学）
三宅晃司（産業技術総合研究所）
藪　浩（東北大学）
吉岡伸也（東京理科大学）

コラム写真のクレジット

P・24　提供：物質・材料研究機構／矢ヶ部太郎氏
P・68　Alcatel-Lucent USA Inc. の許可を得て掲載
P・71　提供：東京大学／小暮敏博氏
P・159　Wolfram Däumel,
CC BY-SA 2.0 (http://creativecommons.org/licenses/by-sa/2.0/) ※
P・160　http://fizz.phys.dal.ca/~hrotermund/ より
掲載者の Dalhousie 大学 Harm Rotermund 教授より使用許可
P・169　https://www.basf.com/en/company/news-and-media/science-around-us/fertilizer-out-of-thin-air.html より転載
ＢＡＳＦ社広報担当の Christian Böehme 氏より使用許可
P・182　提供：東京大学／藤岡洋氏
P・184　http://www.kremlin.ru/

CC BY 3.0 (http://creativecommons.org/licenses/by/3.0/) ※

P・192 Jan Collsiöö
CC BY-SA 3.0 (http://creativecommons.org/licenses/by-sa/3.0/) ※

P・216 写真左　提供：東北大学／櫻井利夫氏

P・231 Holger Motzkau
CC BY-SA 3.0 (http://creativecommons.org/licenses/by-sa/3.0/) ※

P・243 Armin Kübelbeck
CC BY-SA 3.0 (http://creativecommons.org/licenses/by-sa/3.0/) ※

※印の写真はクリエイティブ・コモンズ・ライセンスによって使用しています。

【ま行】

【や・ら行】

【た行】

さくいん

N.D.C.420　270p　18cm

ブルーバックス　B-1940

すごいぞ！　身《み》のまわりの表面《ひょうめん》科《か》学《がく》
ツルツル、ピカピカ、ザラザラの不思議

2015年10月20日　第1刷発行

編者　日本《にほん》表面《ひょうめん》科《か》学会《がくかい》
発行者　鈴木　哲
発行所　株式会社講談社
〒112-8001 東京都文京区音羽2-12-21
電話　出版　03-5395-3524
販売　03-5395-4415
業務　03-5395-3615
印刷所　（本文印刷）豊国印刷株式会社
（カバー表紙印刷）信毎書籍印刷株式会社
本文データ制作　長谷川義行（ツクリモ・デザイン）
製本所　株式会社国宝社

定価はカバーに表示してあります。

ISBN978-4-06-257940-7

発刊のことば

科学をあなたのポケットに

二十世紀最大の特色は、それが科学時代であるということです。科学は日に日に進歩を続け、止まるところを知りません。ひと昔前の夢物語もどんどん現実化しており、今やわれわれの生活のすべてが、科学によってゆり動かされているといっても過言ではないでしょう。

そのような背景を考えれば、学者や学生はもちろん、産業人も、セールスマンも、ジャーナリストも、家庭の主婦も、みんなが科学を知らなければ、時代の流れに逆らうことになるでしょう。

ブルーバックス発刊の意義と必然性はそこにあります。このシリーズは、読む人に科学的に物を考える習慣と、科学的に物を見る目を養っていただくことを最大の目標にしています。そのためには、単に原理や法則の解説に終始するのではなくて、政治や経済など、社会科学や人文科学にも関連させて、広い視野から問題を追究していきます。科学はむずかしいという先入観を改める表現と構成、それも類書にないブルーバックスの特色であると信じます。

一九六三年九月　　野間省一